四川美术学院学术出版基金资助

EMBOSSMENT AND
HOLLOWED-OUT ARTS FOR
PERFORMANCE
COSTUME MODELING

田乐乐——著

表演服饰造型中的浮雕与镂空艺术

中国戏剧出版社

图书在版编目（CIP）数据

表演服饰造型中的浮雕与镂空艺术 / 田乐乐著 . ——北京：
中国戏剧出版社 , 2020.10
ISBN 978-7-104-05025-4

Ⅰ.①表… Ⅱ.①田… Ⅲ.①表演－服饰－造型设计
Ⅳ.① TS941.735

中国版本图书馆 CIP 数据核字 (2020) 第 186197 号

表演服饰造型中的浮雕与镂空艺术

责任编辑：黄艳华
责任印制：冯志强

出版发行：中国戏剧出版社
出 版 人：樊国宾
社　　址：北京市西城区天宁寺前街 2 号国家音乐产业基地 L 座
网　　址：www.theatrebook.cn
电　　话：010-63381560（发行部）　010-63385980（总编室）
传　　真：010-63383910（发行部）

读者服务：010-63387810
邮购地址：北京市西城区天宁寺前街 2 号国家音乐产业基地 L 座 (100055)

印　　刷：鑫海达（天津）印务有限公司
开　　本：787mm×1092mm　1/16
印　　张：15.625
字　　数：270千
版　　次：2020年10月　北京第1版第1次印刷
书　　号：ISBN 978-7-104-05025-4
定　　价：108.00元

前 言

表演类型的服装与化装是一门古老的艺术，伴随着演员的表演而出现，是演出活动中最早出现的造型因素。遥远的古希腊时期，演员们就通过不同的造型装扮来扮演不同的角色，这些最初的服装与化装形式表现出了一定的艺术特征。在剧作家埃斯库罗斯的剧目演出中，演员们开始穿着颜色各异的袍子，脚踩高底靴，头戴面具，用夸张的身材和面部形象使观众远距离的辨认出角色的外在特征，这成为服装与化装功能特性的最初体现，在索福克勒斯、欧里庇得斯时期，演员们则用黑色系的装扮来表现剧中的悲剧色彩，这种通过色彩来表达情感的方式又很好地体现了服装与化装的隐喻特征。不难发现，服装与化装在诞生之初就形成了特有的装饰法则和艺术特征，这些经典的模式随着人类文明的进步不断地发展与延续。

21世纪的今天，科技、文化产业高速发展，演出市场日益兴盛，表演服饰的创作在这个关键性的时间节点也发生了颠覆性的变革。设计师在延续服装与化装最初的艺术特性的基础上，结合现实剧目中的规定情境、角色性格特征、舞台观演距离以及观众审美情趣等各方因素，对设计理念、材料选择、创作手法进行大胆的突破和创新，使得表演人物造型展现出前所未有的独特魅力。在设计师主观创作及受众群体审美的需求下，将这些大胆新颖的设计理念、创作手法进行整理汇总并将其拓展应用到接下来的演出创作当中，是非常有意义的一件事情。本书的作者在十几年的院校学习与演出实践中，一直认真、踏实地坚持理论的研究以及技法的创新，将多年来积累的不同演出类型的服装化装经验梳理总结，难能可贵。通过本书，更多的从业者或者普通读者可以了解传统服饰造型及现今表演服饰造型设计中的浮雕与镂空造型艺术，同时书中用大量典型的实践案例生动鲜活地介绍了浮雕与镂空的创作理念及表现技巧，对于业内同行有着很强的实用性，对于普通读者也有很高的鉴赏性。

▲ 图0—11 电影《封神传奇》苏妲己一角的立体镂空头饰局部造型

艺术指导：张叔平 服装指导：吕凤珊

图片来源于影片截图

◀ 图0—7 话剧《秦王政》服装造型中的深浮雕形式

服装设计：胡万峰 化装设计：王小茳

角色名：赵姬 饰演者：谷倩文

图片摄影：赵伟月

▶ 图 1−4−5 《英国女王伊丽莎白一世肖像画》中夸张的蕾丝拉夫领

▶ 图 1−4−7 1956 年格蕾丝·凯利婚礼当天所穿的蕾丝婚纱
图片来源于作者收藏

▲ 图 1−2−2 《捣练图》（局部）
美国波士顿美术馆藏

▶ 图2—1—5 贝亚·森菲尔德设计的纸质概念服装

图片来源于作者收藏

▼ 图2—1—1 莉莎·斯特洛兹克设计的木材围巾

图片来源于作者收藏

▼ 图 2-1-6 EVA 材料雕刻的服饰作品

设计师：李明辉

图3-2-5 话剧《潘金莲》服饰的棉麻肌理塑造

服装设计：王彦、曹婷婷

角色名：张大户 饰演者：周帅

图片摄影：赵伟月

图3-2-4 话剧《秦王政》服饰造型中的褶皱肌理

服装设计：胡万峰 化装设计：王小莅

角色名：吕不韦 饰演者：邹一正

图片摄影：赵伟月

图2-2-2 首届麒麟杯人物造型设计大赛

参赛作品《麦克白》

设计师：宋琳

▲ 图 3－2－6 首届麒麟杯人物造型设计大赛
戏剧影视人物组作品《绽放》
设计师：田乐乐

◀ 图 3－2－2 电影《满城尽带黄金甲》中王与王后的服饰局部造型
服装设计：奚仲文 图片来源于影片截图

▲ 图 4-4-4 话剧《虎符》中服装切
割式的拼贴处理
服装设计：胡万峰
化装设计：刘红曼
角色名：如姬 饰演者：钱璇
图片摄影：赵伟月

▶图 4-4-3 话剧《孔雀东南飞》中服装颜料涂刷形成的服装效果

图片摄影：赵伟月

角色名：刘兰芝 饰演者：石安妮

服装设计：胡万峰 化装设计：田丹

▲图 4-5-1 首届麒麟杯人物造型设计大赛服饰作品中剪刻手段的运用

设计师：李姝特

◀图 4-3-3 歌剧《鼻子》中手工缝制的褶皱肌理

服装设计：吴俊羲

▲ 图 4—6—4 话剧《虎符》武将的
服饰造型
服装设计：胡万峰
化装设计：刘红曼
角色名：朱亥饰演者：康杰
图片摄影：赵伟月

自　序

　　浮雕与镂空造型艺术有着悠久的历史发展脉络，它们从远古时期就诞生并以装饰的风貌出现于建筑、雕塑、器物等艺术领域，其独特的造型工艺及丰富的肌理装饰效果成为我国传统艺术和璀璨文化的重要组成部分。在诸多出土文物以及现今留存的古建筑群落中，我们都可以探寻到这些丰富多样的浮雕或镂空造型方式。

　　21世纪的今天，科技、文化的迅速发展极大地促进了不同门类艺术的相互融合与借鉴，同时也推进了艺术与生活的紧密联系。在这样的大背景下，浮雕与镂空的装饰风貌也由最初建筑、雕塑等艺术领域的应用逐渐渗透到人们生活的各个方面，这其中影响最深的莫过于人们日常的服饰穿着。受不同关联艺术门类的影响，人们在传统服饰偏于保守的基础上，将精力转移到面料织造及服装装饰上面。比如，用打褶的方式进行裙装的制作；对服装袖口、领口、下摆等边缘处进行镶、滚、绣等工艺的处理；运用丝线在服装表面进行花、鸟、虫、草等各种纹样的绣制装饰；利用长线编结绶带和冠缨，等等。这些多样的装饰手法使得服装表面或者服装装饰物呈现出最为原始的浮雕或者镂空的风貌，不但满足了人们实用与功能的需求，同时也满足了人们心理精神层面的需求及对美的追求。与此同时，这些让服装产生浮雕或者镂空风貌的手工装饰技艺经过千年的演绎已经形成一系列规范化、定型化、经典化的表现形式，比如，人们最初运用绣线在服装上进行的绣制装饰形成了浮雕形式的刺绣工艺；运用通经断纬的织造方式形成了"承空视如雕镂之象"的缂丝面料。这些经典的不同种类与样式的浮雕与镂空装饰手段在整个中国乃至世界服饰史中都占据了举足轻重的地位，对现今服饰的创作也起着重要的指向和引导的作用。

艺术源于生活，表演服饰的艺术创作同样源于并建构在人们的日常服饰之上。日常生活和传统服饰中经典的浮雕与镂空装饰手段：刺绣、镶、滚、编结等以及它们带来的肌理装饰效果和丰富象征内蕴都是进行表演服饰创作的有力素材。设计师不但可以从生活和传统的经典中去寻找灵感，大胆地将这些"程式化"的装饰法则运用到现今的表演服饰创作之中，同时也可以借鉴雕塑、建筑中浮雕与镂空的创作模式，甚至可以在室内设计、园林景观设计、民间艺术等不同的关联艺术中去探寻浮雕与镂空不同的造型方式和装饰特点。以传统为依托，通过大胆的"试验"与"重构"，用独特的传承技艺并融合现代的高科技手段以此塑造服饰外观精致细腻的肌理装饰效果以及服饰内在丰富的意蕴情感。如今，表演服饰造型设计已经进入多元化发展的新时期。社会科技的进步、知识结构的更新、不同门类艺术间的相互融合以及人们审美观念的转变都极大地刺激着设计师及广大受众群体对于表演服饰的新要求与新欲望。在这样的要求与欲望中，浮雕与镂空造型方式脱颖而出，为表演服饰造型设计注入了非凡的活力。这些表现技法灵活多样、肌理塑造层次丰富的浮雕和镂空造型方式不但是对民族传统文化的传承与延续，同时也通过设计师的主观能动创作最大化地强调出表演角色的性格化特征，极大地增强了表演服饰的功能性与审美性。

　　本书以建筑中的浮雕与镂空为切入点，将不同传统艺术中浮雕与镂空的经典造型方式与服饰中出现的类似浮雕与镂空的装饰风貌进行综合判定、比对分析，由此将服饰中出现的这些类似信息具体化、明确化。同时综合多种门类艺术对浮雕与镂空造型方式的不同运用，将浮雕与镂空概念科学的拓展至表演服饰设计之中，用联系、发展、探索的方式去梳理表演服饰中浮雕与镂空的代表形式、纹样图案以及工艺技法。在传承中去延续经典，在经典中去寻求突破。将传统工艺、材料与现代的高科技技术及新型材料相融合，将现代的创作理念和科学的创作方式应用到表演服饰设计之中，使表演服饰造型设计中的浮雕与镂空应用向大尺度、多空间、多层次的复杂形态纵深拓展。

田乐乐

2020 年 1 月

目　录

EMBOSSMENT AND
HOLLOWED·OUT
ARTS FOR
PERFORMANCE
COSTUME MODELING

绪　论

第一节　本书的研究背景和缘起

一、浮雕与镂空的艺术特征及应用意义带来的启示

我们在日常的生活中很容易发现那些图案繁复精美、造型形式丰富多样的浮雕与镂空造型作品：印有浮雕花纹的一元硬币、浮雕纹样的大理石瓷砖、浮雕的几何纹灯具骨架、浮雕的铁质垃圾桶，等等；镂空通透的屏风和门窗、镂空的窗花剪纸、镂空的灯罩，等等。探其根源，这些带有浮雕或者镂空效果的作品其实多是由简单单一的原型材料通过雕、刻、剪或者浇铸等工艺塑造而成。这给我们提供了一个重要的创作信息：简单的原型材料通过多样化的造型手段和工艺技法可以产生复杂多变的肌理效果和造型形态，这些丰富多样的造型形态又可以塑造出极具装饰效果和视觉冲击力的造型作品。如一块简单的木板经过镂空雕刻可以成为中式家居装饰中的屏风，不但可以起到防风、隔断、遮隐的作用，同时其精致的镂空图形又可以起到点缀环境和美化空间的功能；又如一张简单的木浆纸经过剪刀的剪刻可以形成镂空的剪纸，不但可以作为装饰用途贴在窗户上，其不同的纹样图形还呈现出不同的美好寓意，体现出人们祈求丰衣足食、健康长寿、人丁兴旺等各种美好的愿望。不难看出，经过浮雕与镂空造型手段改变的这些木板、纸等原型材料最终呈现出了独特的装饰性、审美性与艺术性，甚至成为人们传情达意的重要手段，其恰当的运用无疑为平淡无奇的原始材料增添了更多的艺术表现力和艺术魅力。

表演服饰造型中经常使用的原型材料：棉、麻、纱、丝绸、皮革甚至是金属等往往可以通过各种不同的工艺技法如剪切、雕刻、刺绣、编结、缝缀等塑造出不同以往的独特肌理效果。设计师将这些具有视觉冲击力与表现力的原型材料设计与整合，根据表演角色的需要并运用不同的工艺技法对其进行二度加工，继而创造出符合人物身份和性格特征的服饰造型。如一个穿着旗袍的富太太形象，可以选择具有反光效果的丝绸作为服装的主体材料，用华丽的丝绸来体现人物的身份特征，同时运用珍珠、宝石等装饰在服装主体材料上进行合理的缝缀布局，进一步强化出富太太的形象特点；又如一个年轻善良的富家小姐形象，可以选择浅粉色系的绣线和具备美好寓意的纹样在服装表面进行刺绣，以表现富家小姐年轻的外貌及善良的性格特点；再如生活穷困潦倒的贫苦百姓，可以选择天然的棉麻材料，运用剪切、撕扯、贴补等手段来塑造服装破旧的肌理效果，以此体现人物窘迫的生活状态。以上几个案例都是通过缝缀、刺绣、剪切、撕扯等手段对服装面料进行二次加工，从而使服装表面呈现出不同以往的肌理效果。这些丰富的肌理效果给表演服饰造型带来极大的视觉冲击力与爆发力，同时材料的自然属性及色彩图案的隐喻性也将表演人物性格极致化地呈现出来，更加有效地引导观众对于表演作品的解读。

综上所述，浮雕与镂空艺术有着独特的装饰、审美、实用等艺术特性，其合理的运用能够为不同的作品注入非凡的活力与生命力，这些不同的艺术特性以及带来的重要意义也成为本书萌芽的催化剂。

二、对古老传统艺术的延续与拓展

浮雕与镂空艺术早在远古时期就已经出现，从史料的记录和出土的文物都可以判断：自人类文明开始人们就已经通过浮雕和镂空的造型方式来装饰自己的饰物、器皿，甚至是自身的配饰和着装等。这些有意或者无意的举动是人们对于浮雕与镂空造型艺术运用的初级表现。伴随着人类社会的不断发展与进步，浮雕与镂空造型艺术的应用范围也越来越广：小到生活中的用品、工具，大到园林、建筑都可以发现浮雕和镂空艺术的应用痕迹。当这些兼具实用和美化功能的浮雕与镂空装饰物被越来越多的人接受并欣赏时，更多新的应用领域、新型表现技法及新的表现形式也就随之被拓展和创造。到今天，一些有着悠久历史的传统浮雕与镂空造型工艺早已经成为经典被一代代相传。如始于二里头文化时期的镶嵌工艺是将各种天然矿石、金银丝或者其他装饰材料镶嵌于饰品的凹槽中，从而呈现出凸起的浮雕感效果。这种传统的镶嵌工艺在今天仍然被大量地运用到饰物、家具装饰、服饰配件当中。又如模冲锤揲的方法，也是自古就有的传统技艺。它是将具有延展性的金、银等材质衬在具有纹样的模板上反复锤揲，通过不断外力加压使得被锤打的部分最终会形成凹凸起伏的浮雕般的图案纹饰。这种经过千锤百打形成的纹样可以达到较为精细的程度并形成极好的装饰效果，因此在今天的影视剧配饰及头饰的制作中仍然被大量的运用。不单如此，传统的模冲锤揲法使用的模具具有固定性，相同的模具可以产出相同的纹样及造型，这也能够满足现代器物或其他装饰物小批量生产的需求，因此这种方法也被运用到日常的饰物打造中。还有能够让服装产生浮凸肌理效果的刺绣，其出现可以追溯到原始社会时期。"原始氏族部落先民大都有文身的习俗，当创造了配套的衣裳之后，画在肉体上的纹身纹样逐渐转移到衣裳上，从而出现了'画缋'和服饰纹样，到后来画缋文样用丝线来刺绣，就出现了刺绣工艺"。[①] 相较于印染或彩绘的纹样，刺绣形成的装饰效果更加能够强调出服装的装饰性和空间性。到了秦汉时期，刺绣的工艺已经完全成型并且逐渐流传到中国的各个地区。发展到明清时期，百姓的生活已经离不开刺绣的装饰，从朝廷的达官贵人到地方的普通百姓都流行在服饰上进行刺绣装饰。今天，刺绣的种类与样式已经十分丰富，其不同的工艺种类呈现出多变的形态并形成了独具中国特色的地方名绣如：苏绣、粤绣、湘绣及蜀绣等。这些种类丰富的刺绣以及上文提及的

---

① 黄能馥、李当岐、臧迎春、孙琦：《中外服装史》，湖北美术出版社 2008 年版，第 2 页。

镶嵌、模冲锤揲的技艺，都有着各自悠久的历史发展脉络，也有着各自不同的浮雕或镂空造型方式，它们丰富多样的技艺流程和造型形态已经发展成为中华文明的艺术瑰宝，其带来的独特装饰效果也成为传世的经典被代代相传。

当今社会文明的进步，促进了艺术的多元化发展，宽泛了不同门类艺术间的界限，日渐繁盛的表演类服饰也在这种大环境下迎来了新的机遇与挑战。设计师不断地突破常规、推陈出新，从不同的门类艺术中去寻求适合表演服饰创作的多元化材料与表现技法，以创作出符合当下潮流与审美的服饰作品。在当前艺术延续传统、不断发展、相互融合、持续探索的契机下，传统且古老的浮雕与镂空造型方式以其多样化的工艺技术和极致繁复的表现效果进入当代设计师的视野。设计师一方面对这些传统的浮雕与镂空造型技法进行借鉴，利用传统的技法对现代的服饰材料进行设计与再造；另一方面又在这些技法的基础上做出了一定的拓展和延伸，结合现代的创作理念和技术手段对服饰材料进行肌理再造。此外，设计师在借鉴传统、融合当代的同时，还对服饰材料进行了更多的探索和尝试，寻找出更加多元化的非服饰材料，借鉴浮雕与镂空造型方式进行服饰创造，以满足现代多元化发展的表演服饰造型的需求。这些既传统又现代的浮雕与镂空造型方式的灵活运用给设计师带来了极大的创作灵感及激情，刺激设计师不停地打破常规，寻找新的创作材料、创作方法以及制作工艺，既实现了对古老艺术的传承，宣扬了中国传统的文化艺术，同时也为表演服饰造型设计的创新发展提供了更大更广的空间。

艺术创作源于生活又高于生活。浮雕与镂空造型方式在现代艺术中的运用，一方面是对传统艺术、传统造型技艺及表现形式的借鉴与传承；另一方面是在这种传统的基础上，对其造型技艺与表现形式进行的拓展与延伸。新时代发展的硬性需求对设计师思路的突破与创新提出了更高的要求，设计师在新时代的挑战下，更应该去主动探索新的造型方式来应对新时代新视觉观的挑战。基于以上所述，加之笔者对古老传统艺术的热爱以及对自身设计创作提出的要求，种种诱因成为本书写作的主要驱动力。

三、关于创作实践的系统性、科学性的理论整合

　　每一部完整的表演服饰设计作品都要经过表演剧目分析，人物性格解读，素材搜集，设计草图绘制，与表、导、舞美等各部门协商设计方案，召开制作会，组建服装或化装制作团队，监制、试装、拍摄等各个环节。每一个环节又会发生不同的问题，比如受剧本题材或是导演的要求所限无法实现设计师天马行空的设计想法，那如何在有限的空间内最大化的发挥设计构思？假如演出的场所是大剧场大舞台，最远处的观众与演员有 20 米以上的距离，那如何将大舞台的服装视觉要素进行放大化处理，进而让观众更加直观地感受到服装的表现效果？又如遇到演出制作经费紧张和制作周期较短的情况，那如何合理把控制作预算和时间并高质量地完成表演服饰的创作？这些不同的问题需要设计师在进行创作之前就考虑周全并运用不同的设计制作方案去灵活地调整，寻找合适的材料和与之匹配的造型方式来完成服饰造型的塑造。在规定情境的限定下、与演员表演的结合中、舞台与观众的观演距离影响下创作出满足于规定情境和演员表演，同时又符合大众审美的服饰造型作品。将这些灵活多样的处理方式进行理论式的梳理和整合，可以避免在同种问题上出现失误，更加高效的指导表演服饰创作。基于此，笔者整理了近几年的表演服饰创作实践：服饰展演、综艺节目秀、戏剧影视设计甚至是参与过的教学实践工作，这些不同的实践类型中不乏对浮雕与镂空造型方式的探索及应用。一是为了迎合现代多元文化碰撞中表演的需求；二是为了迎合社会文化发展的大趋势；三是笔者多年来一直对服饰造型技巧探索持有极大的热情。通过解读表演服饰中浮雕与镂空造型方式的运用，可以更好地指导自己的创作实践，同时又可以在实践中得出新的理论。

　　总的来看，表演服饰创作是一门实践性很强的学科。设计师能力的提升必须通过自身大量的实践去探索和总结，也正因为表演服饰创作这样实践性的特征，导致许多设计师过多的专注实践操作而忽略了理论方面的整理和研究。加之国内开设表演服饰造型专业的院校数量不多，培养的专业性人才较

为稀缺，这也就导致本专业理论方面的科学研究和系统梳理略显不足。另外，许多从事表演服饰设计专业的人员都是通过师傅口手相传的形式被培养出来，不同的设计师有着不同的设计方法和体现技巧，这些方法和技巧又多是个人的经验所得，更多的时候外人无法深入了解，这也为本专业理论方面的研究增加了一定的难度。以上各种不利因素导致目前表演服饰创作理论研究体系的不够成熟，尤其是关于浮雕与镂空艺术在表现服饰造型中的应用方面，就显得更加稀缺。鉴于以上这些刚需，笔者对大量的典型性表演服饰案例进行系统的梳理和研究，希望能够借此抛砖引玉，让更多的业内同行将自己的创作理念和创作技法予以分享，为表演服饰造型专业的发展尽一份绵薄之力。

第二节　表演服饰中浮雕与镂空研究的现实意义

自人类文明出现，浮雕与镂空艺术就相继诞生，并很快成为人类生活中不可或缺的一部分。在远古时期的岩石雕刻以及生活器皿中都可以发现浮雕与镂空的身影，在现今的艺术创作中更是处处体现着浮雕与镂空的艺术化应用。它们就像一对孪生姐妹，经历了几千年的历史变迁，共同发展流传至今，成为中华文化乃至世界文化的艺术瑰宝。其丰富多样的外观表现形式以及多元化的造型技艺被世代传承与发展，并且应用到不同的艺术门类之中。浮雕是在平面的材料上做雕刻处理，使材料表面呈现凹凸不平的肌理效果，不但具有一定的立体空间性，同时也具有很强的可触感。现存于世的龙门石窟、云冈石窟以及敦煌石窟等作品大多运用了经典的浮雕技艺；镂空是将单一的原型材料做剪、刻或切的处理，用简单的表现手法创造丰富多样的肌理效果。

像生活中常见的镂空屏风、镂空窗花、镂空皮影等艺术品的原型实则是单一的木材、纸或动物皮，通过基础的剪、刻、雕等工艺手段使其呈现镂空的形态特征，并形成独特的艺术效果。

中西方人们的传统服饰中，也在一定程度上表现出浮雕与镂空的艺术效果。像中国传统的刺绣、缂丝，妆饰上的贴花黄以及西方传统的蕾丝在表现效果和制作工艺上都呈现出浮雕与镂空的特征。刺绣的绣线装饰可以营造浮凸的纹样效果；缂丝的织造工艺营造"承空视之如雕镂之象"的效果；面部的贴花黄则带来妆面立体的美感；蕾丝织物则透空出性感、妩媚、高贵的属性特点。这些传统服饰造型中浮雕与镂空的不同表现效果和制作工艺都可以在视觉上给人以厚重感、层次感或透空感，极大地加强了作品的装饰效果，也提升了作品的艺术表现力。同时这些被保留下来的不同浮雕镂空形式和造型方法因其独特的装饰效果和艺术表现力，许多已经传世的经典甚至成为世界文化艺术的重要组成部分。当代艺术的多元性以及不同艺术门类间的相融性宽泛了艺术概念以及不同门类艺术间的糅合和跨界。在这种不断糅合和跨界的前提下，浮雕镂空艺术与服饰造型艺术产生了奇妙的化学反应，它们之间从互不关联到相互渗透、相互融合。原本归属于雕刻艺术的浮雕与镂空在当今不同艺术门类共同发展的大背景下，成为表演服饰造型设计的重要创作手段。我们可以把表演服饰作品理解为一件雕塑作品：这件雕塑作品运用浮雕或者镂空的技法，对自身的外在空间进行延伸与塑造，透过空间环境和材料载体传达微妙丰富的造型变化和设计师的主观情感体验，其立体空间感、可触感以及不同设计师的巧妙运用，都会让服饰产生独特的形式语言和极有力的视觉冲击效果。

今天的表演服饰造型艺术历经近百年的发展，无论在造型形式还是装饰方法上都进入了一个相对繁盛的状态。尽管如此，表演服饰造型设计这一项创造性的思维活动仍然需要不停地去创新与突破，倘若仅仅从本专业的角度与范围去考虑问题，往往很难突破传统创作思维的禁锢。传统的雕塑、建筑、服装以及现代的家居、园林、艺术品等不同艺术形式中浮雕与镂空丰富的表现形式及其造型技艺为我们进行表演服饰创作提供了非常多的宝贵财富，如何将这些多元化的表现形式和造型工艺进行拓展与延伸并恰当的充分利用，成为表演服饰专业创作遇到的一个亟待解决的重要问题。与其他艺术门类不同，表演服饰造型是以人体为出发点，这决定了其浮雕与镂空形式的展现无法像雕塑或建筑等艺术门类一样天马行空的任意发挥。如何在这种束缚和自由之中寻求突破，是设计师需要努力探求和解决的问题。大多数情况下，设计师往往在无意识的状态下通过材料再造、工艺制作等手段得到一些浮雕或者镂空的表现形式，但是这仅仅是一些浅尝辄止的尝试，这种没有经过系统分析与理论积累的无意识设计，致使服装造型作品过于表象，经不住推敲。笔者选择浮雕与镂空这个课题，试图以雕塑与建筑中浮雕与镂空的造型方式为切入点，从中国的传统文化和传统艺术中去寻找灵感，并将浮雕与镂空的概念引入到表演服饰造型设计之中。结合浮雕与镂空在不同多元化艺术中的运用，分析其思维模式与创作方法，从而更加高效的引导表演服饰的创作。与此同时，在典型的表演服饰设计案例中去探寻浮雕与镂空的应用方式和表现效果，联系其他门类艺术中浮雕与镂空的不同艺术体现，从而进行科学的分析并合理将之运用，使现代表演服饰设计能够借助浮雕与镂空造型技法展现更多的可能性，拓展更深更广的内涵。将服饰造型中的浮雕与镂空造型方式与其他不同艺术门类中的浮雕镂空相联系，这样不同学科以及不同问题相互交叉融合，对促进表演服饰与其他艺术之间的发展与进步都是有益的。表演服饰造型通过浮雕与镂空造型方式的运用展现出更多的视觉造型和情感内蕴，这无疑从作品外在的形象和内在的抽象情感上开拓了设计的空间，为表演服饰造型设计的创新开辟了一条新的途径，其不同的工艺造型技法、表现形式以及多样化的材料选择对于构建服饰造型设计的理论体系和创作方法也提供了有力的参考和指导。

第三节 表演服饰中浮雕与镂空研究的现状

笔者在搜集素材期间，曾经做了大量的资料书籍的调研以及设计师创作手法的采访与整合。这其中包括了网络部分，比如中国知网、中文期刊数据库、万方数据库以及各种网络文档；还有实地的部分，比如高校的图书馆、各大图书馆、表演服装制作工厂等；同时还拜访了诸多近些年热播影视剧的服化设计师们以及"非遗"手工传承人。正如开篇所讲，浮雕与镂空造型艺术最初是以装饰风貌出现在建筑、雕塑等艺术领域之中，因此在查阅的各方素材中关于浮雕与镂空艺术的介绍也多集中于建筑与雕塑领域。在搜集到的有限的与服装有关的文章中，我们可以看到一部分关于"面料浮雕化""镂空剪纸在服装中应用""皮影图形在服装中应用"等介绍浮雕与镂空的文章。这些文章多源自时装设计专业学生的毕业论文，尽管篇幅有限，却不难发现这些学生对于本专业的热情与执着，这些探索性的文章对于有着血脉关联的表演服饰设计中浮雕与镂空的引入还起到了催化剂的作用。当掌握了大量关于浮雕镂空发展历史、造型技艺等方面的文献后，笔者尝试结合建筑雕塑学概论、设计美学、服饰发展史、材料学等不同学科的相关要素，掌握有关浮雕与镂空造型艺术的基本特征，捕获来自不同领域的灵感，为本书的撰写挖掘有价值的切入点和研究线索。结合这些文献的可靠记录，笔者又实地考察了大量的建筑雕塑作品、各地的博物馆、高校的服装博物馆、蕾丝博物馆、面料图书馆等，对有关浮雕与镂空的外在视觉特征做了更加直观的了解与判断。

当有了前期的这些铺垫后，笔者将自身参与或观摩过的大大小小的实践剧目进行整合。对来自于戏剧演出、影视剧、网络视频、T台秀、电视综艺节目等各类表演服饰造型中出现的浮雕与镂空造型方式进行分类整理并分析、归类表演服饰造型方式的艺术特征与创作方法，为浮雕与镂空在表演服饰中的创新设计提供可借鉴参考的有效摹本。与此同时，笔者也拜访了多位表演类型的服化设计师朋友及传统手工艺的非遗传承人，了解其对于浮雕与镂空造型方式运用及体现工艺的详尽过程，对传统工艺、传统服饰以及现代表演服饰中浮雕与镂空的创作方式做深入系统全面地了解。当大量的素材汇集整合后，笔者将具有视觉冲击力和艺术表现力的典型表演剧目创作思路和创作手法进行了综合比对与全面分析，发现设计师很多时候都借鉴吸收了建筑与雕塑中浮雕与镂空的创作手法，只不过条件所限未能将其进行科学性、理论性的梳理。在这种相对"空白"的研究状况下，笔者大胆地将浮雕与镂空的概念引入表演服饰造型设计中，结合前人关于浮雕镂空在不同门类艺术中的研究基础，借鉴传统艺术中浮雕与镂空的造型方式与表现形式，分析提炼表演服饰创作中对于浮雕与镂空造型方式的运用。以浮雕与镂空艺术为脉络，纵向追溯与横向分析浮雕与镂空造型方式在表演服饰中的拓展与延伸。通过对文献资料的阅读整理并对不同类型的博物馆、传统服饰品进行实物调查研究，将浮雕与镂空两者的概念，表演服饰中浮雕与镂空概念的引入、界定，表演服饰中浮雕与镂空造型方式的区别与共性做了相对科学的阐述。将来自影视、戏剧作品的形象资料汇总分析并对设计师的创作思路及创作过程进行整合，提炼出浮雕与镂空典型的艺术特征及独特的应用意义。最后结合笔者在不同表演类型中对于浮雕与镂空运用的创作实践，多角度、多方位的探寻表演服饰中浮雕与镂空运用所需设计之要素与创意之灵感，在实践中发现新的规律，用实践去检验理论。通过不同案例的佐证，将浮雕与镂空的创作方法进行合理的归类，弥补表演服饰中浮雕与镂空理论研究部分的缺失，为表演服饰造型设计中浮雕与镂空造型方式的运用提供充分有力的理论依据。

第四节　本书的研究框架与方法

　　本书选择浮雕与镂空造型方式为研究对象，创新性的将浮雕与镂空的概念引入表演服饰造型设计之中，从全新的角度去看待和创造表演服饰造型。以中国传统艺术以及传统手工艺中出现的浮雕与镂空造型方式作为灵感切入点，对雕塑、建筑、室内设计、园林景观设计、民间艺术等多种不同的艺术形式中出现的浮雕与镂空造型方式进行系统的分析、整理，客观科学的去探索和分析现代表演服饰创作中浮雕与镂空运用的各种表现形式和工艺技法。同时结合笔者切身参与的演出实践，将浮雕与镂空的造型方式及时进行合理的检验，让现代表演服饰设计能够借助浮雕与镂空造型方式展现更多的可能性，拓展更深更广的内涵。

　　全书由绪论与四个篇章构成。

　　绪论主要介绍了本书的课题来源，论述了本书的研究目的、意义以及创新点。同时以雕塑与建筑中浮雕与镂空的概念为引导，结合笔者自身创作实践以及诸多典型性案例的创作思路及创作手法，采纳业内设计师同行的意见并进行汇总，将浮雕与镂空的概念引入表演服饰造型设计之中并对其进行了详细的界定。在概念建立的基础上，对表演服饰造型中的浮雕和镂空的区分与联系进行了详细的论述，并最终得出结论：浮雕与镂空虽然在表演服饰中以不同的表现形态、造型方法出现，但是它们之间往往会交叉应用，相互融合，这种密切的联系使得浮雕与镂空造型方式成为一对默契的拍档，共同成为表演服饰造型的有力创作手段。

第一章"服饰中浮雕与镂空的历史溯源"以传统的生活化服饰为出发点，对传统服饰中浮雕与镂空运用的历史进行分析研究，了解其产生的动因，不同时期的发展及表现。以时间为脉络分析比较中西方传统服饰中经典的浮雕与镂空代表形式——刺绣与蕾丝的运用及表现形式，对于刺绣与蕾丝运用形式的差异做了全面的论述。同时，基于浮雕与镂空艺术在中西方悠久的历史发展脉络，将本书的课题研究从传统的中西服饰中展开，在这些传统的生活化服饰艺术品当中，更容易清晰的辨析建筑、雕塑、民间艺术与服装中浮雕与镂空应用的联系。在探究中西方传统服饰浮雕与镂空方式的同时，又对其装饰手法运用的差异以及符号表征的一致性做了一定的研究和探讨。这些全方位多角度的分析为接下来开展本课题的研究做了细致深入的铺垫。

第二章以不同类型的表演服饰作品为基础，提炼出浮雕与镂空在表演服饰创作中的艺术特征和应用意义。在雕塑创作中，空间性是其最为重要的艺术特征，而表演服饰中的浮雕与镂空造型方式直接受到建筑以及雕塑风格的影响和渗透，同样存在这种相同的空间特性。当设计师运用浮雕或者镂空手法对表演服饰的外观风貌进行凹或凸、堆积或者减少等改变时，其巧妙的创意、大胆的选料以及多样化的工艺手段又使得服饰外观呈现出极强的装饰效果。不仅如此，浮雕与镂空造型方式在创作顺序、工艺、材料运用、装饰布局等方面还表现出极强的灵活特性，其在服饰中呈现出的高与低、大与小、虚与实的排列与组合又形成了一定的节奏美感。同时，不同手段的浮雕或镂空肌理塑造使得服饰外观呈现新奇、迷惑、绚丽的效果，这些不同效果的外观肌理下又因多样化的图案纹样展现出曲折、无限的丰富内涵，体现出现代人特有的时代观念和精神风貌。浮雕与镂空在表演服饰中表现出的这些艺术特征，更多的是因为其新材料、新技法、新创意的应用，这些都赋予浮雕与镂空新鲜的生命力。在对民族传统文化与技艺进行延续与传承的同时，又利用丰富的材料选择、多元化的造型手段在传统上进行大胆突破，拓展了表演服饰设计的表现空间与文化内涵。这些突破性的革新与颠覆，又符合表演服饰造型的功能性需求，极大的强化出角色的性格化特征，最大化凸显了表演服饰的外观视觉效果。

第三章以表演服饰中浮雕与镂空造型方式的灵感来源与创意依托为主要内容，从设计师的主观创作思维展开论述。自然的物态如阶梯式的梯田、镂空状的蛛网、蓬松绵软的雪等；人造的物态如艺术收藏品、室内装饰、建筑等。这些生活中随处可见的可抽象、可具象的丰富物态都有着形态各异的造型形式，对设计师来说可谓是一个可进行灵感搜索的强大信息库。设计师既可以对某些物态的外在肌理进行直接的借鉴和模仿，也可以在物态基础上进行整理、分析与提取，借助不同物态的灵感刺激给予服饰中浮雕与镂空创作以新的生命力。在对灵感信息汇集整合并进行浮雕与镂空造型与装饰的同时，还要考虑表演服饰创作中浮雕与镂空运用的不同创意依托。首先，要以不同的表演类型为依托，根据表演的不同题材、不同内容等开展创意。不同的表演类型其制作投入、制作周期、演出特点等因素各不相同，浮雕与镂空在服饰中的装饰方式、体现技艺也各不相同。因此在对浮雕与镂空造型方式进行运用的时候，要充分考虑这些不同的客观因素。其次，可以借助不同材料的不同视觉和情感特质等自然属性开展创意。设计师可以通过材料的自身属性特点去激发浮雕与镂空造型方式的创意灵感，寻找到适合材质本身的造型方式或者装饰方法。最后，设计师要注重当代文化下的创新，以新型的工艺技术为依托，大胆地进行试验与重构。综合来看，浮雕与镂空的工艺方法在科技高度发展，不同门类艺术相互融合的大背景下得到了前所未有的提升与开拓，设计师在表达设计意图时往往不止采用一种方式，甚至通过不断的试验与大胆的重构，又或是借助某些高科技手段如激光雕刻、3D打印等去探索更加丰富多元的浮雕镂空造型技艺，让表演服饰产生多样化的形式语言。

第四章以表演服饰中浮雕与镂空不同的创作方法为主要论述内容。笔者在深入研究理论的基础上，对浮雕与镂空的造型方式进行了一系列的创作与实践，在实践中检验理论，用理论指导实践。联系不同艺术门类中浮雕与镂空的不同工艺技法及装饰形态，针对表演服饰中出现的浮雕与镂空造型方式进行分析、探讨。从诸多表演服饰作品以及大量创作实践中提炼出浮雕与镂空的创作方法：借鉴、简化、繁复、重组、破坏再造、立体塑型。根据服饰创作不同的客观需求，对这些不同的创作方法进行灵活的应用，使现代表演服饰创作能够借助浮雕与镂空多样的创作方法展现更多的可能性，拓展更深更广的内涵。

第五节　本书几个关键概念的界定

一、浮雕与镂空的概念

1. 关于浮雕

《辞海》对浮雕一词解释为："在平面上雕出凸起形象的一种雕塑，依表面凸起厚度不同，分为高浮雕与浅浮雕等，也有两者结合的形式。"从外观形态来看，浮雕融合了雕塑艺术的空间立体感以及绘画艺术的二维平面性，是介于二维与三维之间的一种独特造型艺术；在技术体现方式上，浮雕一般以木、石、铜等便于雕刻塑型的硬质材料为基础的依托，操作者将想要呈现的三维立体形态压缩在这些底板上，在有限的空间内将要呈现的立体造型通过透视和错觉等方法进行合理性的压缩，从而向人们展示抽象的空间效果。因为浮雕这种特殊的呈现方式，被压缩的立体造型既可以展现出绘画艺术平面空间内固有的审美特征，很好地发挥出绘画艺术在选题、构图及空间表达等方面的优势，同时又因浮雕立体部分的呈现增添了很强的可触感和立体空间效果，表现出强烈的视觉冲击效果。总的来看，浮雕就如同一台被缩小了的舞台演出，虽然体积小，但是所反映的细节内容却十分丰富。在我们周围的生活当中，存在了大量的浮雕作品。比如常见的雕塑艺术品绝大部分都采用了浮雕的工艺；建筑中的墙体表面、屋檐梁柱也经常采用浮雕的装饰；生活中的日用器皿、家具摆件也可以随处发现浮雕运用的技艺。浮雕技艺带来的独特装饰效果已经成为人们生活不可或缺的一部分。

尽管浮雕装饰艺术在人们的日常生活中得到普及，但浮雕绝非是现代社会的特有产物，它的出现可以追溯至遥远的远古时期。当远古时期的先人们对产生的某些自然现象无法合理解释的时候，就试图寻找与自然神秘力量沟通的方法，并希望用这种方法表达对自然界和神灵的崇拜。这种情况下，原始的祭拜仪式诞生了，很快就成为人们最重要的心理寄托方式。随着时间的推移以及人类文明的不断进步，最初对自然神秘力量的原始祭拜慢慢演化为一些特定的宗教仪式，并且人们开始有了保存和记录这些重要宗教仪式的意识，他们开始用一些辅助工具在坚硬的岩石上进行绘画或者雕刻记录重要仪式的每一个过程和细节。在今天出土的许多文物古迹中，依然可以找到这种绘画或雕刻留下来的痕迹，这些为了记录和描绘而出现的岩石雕刻，开始出现一定的肌理痕迹并表露出浮雕的原始特征。"在旧石器中晚期留存的岩石或壁画上，我们能发现许多表现兽头人身的舞蹈形象"①，出土于五千年前新石器仰韶文化时期的庙底沟彩色残片，其表面就雕刻有壁虎的造型，同时还配有凹凸的纹样以及起伏的图案，这是被发现的较早的浮雕装饰的雏形。浮雕的装饰技艺极大地丰富了新石器时期的彩陶艺术和玉器造型，同时也为之后出现的青铜艺术增添了更加丰富的装饰形式。随着社会生产力的提升，原始社会逐渐瓦解，人们对雕塑、建筑以及生活器皿等不同的艺术形式提出了更高的生产创作的需求，浮雕艺术也开始走向繁盛。在各地修建的庙宇、

---

① 李铁柱、高聪、杨玲：《中国傩戏面具艺术》，学苑出版社 2012 年版，第 1 页。

陵墓、纪念碑中浮雕艺术得到了大量的应用和普及，其独特的造型特点和叙事性的艺术表现方式实现了人们对于祭祀祖先、祈求美好愿景及颂扬帝王功业等的精神寄托与向往，这些留存于世的陵墓、庙宇及纪念碑无不规模宏大、气势磅礴。自此之后，浮雕逐渐作为普及的造型方式被应用到各种不同类型的艺术形式中，像园林、家具、公共设施、室内装饰等都体现着浮雕技艺的运用。

图 0-1　法国巴黎凯旋门上的浮雕《马赛曲》 高浮雕典型代表，弗朗西斯科·吕德作

按照浮雕在雕塑中的应用来看，其主要是运用各类雕刻工具对不同的雕刻主体材料进行有规律的压缩雕刻处理。根据压缩的大小、体积的不同，使得最终的浮雕作品呈现出凹凸起伏高与低、雕刻材料厚与薄的区别，我们根据这种凹凸起伏的高低、雕刻主体的厚薄将浮雕分为三种类型：第一类是圆雕式浮雕，这种浮雕的形式立体纵深感最强，是最为接近圆雕①的形式。圆雕式浮雕是将三维立体的圆雕作品局部压缩成半立体的浮雕形式或者将浮雕的某部分雕刻成圆雕的形式，这样塑造的雕刻作品就形成了较为明显的高低起伏变化。圆雕式浮雕作品因为有了圆雕的融入与结合，造型更为夸张，立体感及空间层次感更强，其营造的视觉冲击效果也尤其凸出。第二类是高浮雕，这种浮雕与圆雕式浮雕类似，形体被压缩的程度较小，起位②较高，凹凸感较强。法国巴黎著名的建筑凯旋门上的浮雕作品《马赛曲》就是高浮雕的典型代表（图 0-1）。雕刻家弗朗西斯科·吕德

① 《辞海》对圆雕的解释：雕塑的一种。用石头、金属、木头等雕出立体形象，其特点是无背景，可四面欣赏。

② 起位：雕塑术语，指开始构成浮雕造型的最低水平线（或最低位置）。

图 0-2 　亚述人战争图　浅浮雕形式，英国大英博物馆藏

将圆雕与浮雕的处理手法加以成功的结合，充分地表现出人物相互交叠、起伏变化的复杂层次关系，其中最上方振臂高呼、戴着翅膀的人物形象是自由女神，在她指引下志愿军正在向前冲锋，每个人都迸发出势不可挡的力量，正如一曲奏响的法国国歌《马赛曲》，给人强烈的心灵震撼。第三类是浅浮雕。浅浮雕形式与高浮雕相比形体压缩较大，凹凸起伏效果相对平缓，更为接近绘画的平面造型形式，利用绘画艺术中线面结合的方法或透视、错觉等处理方式来表现作品的立体感。这种类似绘画的处理方式使得浅浮雕更容易与平面的载体相融合，同时也使得浅浮雕具备了绘画叙事性的特点。在美索不达美亚文明时期，尚武的古亚述人 ① 为了记录狩猎、战争等宏大的场面，开始用节奏感和韵律感十足的线条在岩石或石板上进行描摹与雕刻。这个时

———————————

① 古亚述人：主要指生活在西亚两河流域北部的一支闪族人。长脸、钩鼻、黑头发、多胡须、皮肤黝黑，崇尚武力，擅长作战。

期出土的浅浮雕作品，基本全是与军事有关，古亚述人用这种特殊的军事记录方式表达他们好战的习性和侵略的野心（图0-2）。

除了根据浮雕的凹凸起伏、厚薄程度将其进行分类外，还可以根据不同的艺术表现手法，将浮雕分为具象的写实浮雕和抽象的表现浮雕。具象写实浮雕是一种受传统美学思想支配，始终遵循写实主义风格的雕刻技法，在整个西方艺术史都产生过广泛且持久的影响。具象写实浮雕一般以石料、青铜等硬质材料为主要载体，真实的模拟表现对象的外观形态和结构，具有较强的真实感。抽象的表现浮雕则脱离开传统美学思想的束缚，主要强调创作者的主观情感和思想，而忽略现实中真实的客观表现对象。

图0-3 四羊方尊 商朝晚期青铜礼器，中国国家博物馆藏

利用基础的点、线、面等造型元素，对客观的表现对象进行几何形体的提炼与概括，运用抽象的思维情感在浮雕空间中塑造出具有一定艺术美感的形象。

此外，根据浮雕的不同功能特性又可以将其分为装饰性浮雕和纪念性浮雕两类。装饰性浮雕由来已久，多与人们生活中的器物和装饰物有关。如出土于商代的四羊方尊就是典型的器物装饰性浮雕，这件祭祀用的青铜礼器采用线雕、浮雕、圆雕结合的手法，将平面图像、立体浮雕、器物以及动物图形有机地结合起来，同时用异常高超的铸造工艺制成，使得方尊呈现出优美雄奇的特点，被称为"臻于极致的青铜典范"，也因此成为我国重要的传世国宝（图0-3）。还有出自汉代古墓的南阳画像石，也大量的采用浅浮雕的创作手法，利用散点透视和平视图的构图方式，同时运用平面阴线刻、凹面雕施阴线刻、减地雕刻等多种不同的雕刻技法，把天上、人间以及包罗古今的众多事物如人物、动物、飞禽走兽、建筑景观等多种类型的造型放在一起，使其有条不紊地展现在同一个画面上，由此形成了南阳画像石粗犷、豪放的艺术风格。纪念性浮雕与装饰性浮雕不同，其雕刻的内容大多是为了纪念重要历史事件、表彰历史名人或者纪念人们的某种共同观念等。这类浮雕作品体积较大，一般放置在户外，且要选择能够长期保存的雕塑材料。除此之外，纪念性浮雕为了强调纪念的特性，常采用比较庄严、沉重的艺术手法。如大型的纪念性浮雕——人民英雄纪念碑，坐落于北京天安门广场的中心。纪念碑浮雕石料选自产于北京房山的汉白玉石，通过简洁朴素的雕塑手法在质地坚实细腻的汉白玉上塑造出纪念碑中青年、妇女、工人、学生等神态各异的英雄人物，生动地概括出中国人民 100 多年来，特别是在中国共产党领导下反帝反封建的伟大革命斗争史。

不管是深浮雕、浅浮雕还是具象浮雕和抽象浮雕，又或是装饰性浮雕和纪念性浮雕，我们都可以在已有的浮雕艺术品中发现：任何一种浮雕的形式都可以对表现对象进行完整的叙述，并且能够突出表现对象的时代、环境、气候等特征。像闽台一带的妈祖庙浮雕，就是将妈祖的故事完整细致的进行雕刻，观者可以从丰富的浮雕形式中全面了解妈祖的故事。在利用雕刻的形式进行叙事的同时，浮雕还注重作品的装饰性与实用性。如前面讲过的纪念性浮雕，尽管是以纪念的意图为主，但是在雕刻形式、表现手法上同样表现出极强的装饰效果。又如在建筑上广泛应用的浅浮雕形式，非常注重整体的装饰效果，同时又考虑到结实牢固的需求。建筑物经过精细的雕刻美化后，其承受力依然不减，达到了装饰性与实用性并存的双重目的。最后，浮雕不同的形式表达了不同的情感，高浮雕强烈的空间深度感和视觉冲击力，使其呈现出庄重、浑厚、严肃、沉稳等不同的艺术效果和恢宏磅礴的气势；浅浮雕线面结合的形式以及多视点切入的平面性构图，使其呈现出绘画艺术生动流畅的艺术效果，赋予表现对象以节奏性和韵律感，同时又可以传递出表现对象的内在情感。浮雕的这些叙事性、装饰性、实用性以及其传递的不同情感使得浮雕艺术成为越来越普及的经典造型技艺。

2. 关于镂空

与浮雕一样，镂空也属于一种雕刻技法。《辞海》对它的解释是"雕刻出穿透物体的图案或文字。多用于窗格、屏风、服饰、玉器等"。镂空一般选择具有一定韧性或硬度的材料，如石、玉、木、纸、织物等，通过不同的"镂"的技艺，将要呈现的图案或纹样去除，使得镂空作品最终呈现出外表完整、内部通透的艺术效果。镂空部位的图案或纹样，能够给观者以通透的视觉空间感和想象空间感，这让镂空作品的艺术特性得到了最大化的延伸与拓展。同时也因为"空"的外形特点，镂空作品又可以产生通风、散热的功能。镂空这些不同的艺术特征使得镂空的创作手法在工艺制品、生活日用品、平面装饰、面料再造等不同的领域广泛存在，甚至其节省材料、减轻重量等特性使其在未来绿色产品设计中也存在广泛的应用前景。

镂空与浮雕同属于古老的雕刻技艺，因此镂空同样是伴随人类社会的存在而出现。新石器时代晚期龙山文化出现了黑陶烧制的高足杯，在其足柄上就已经出现了长形、圆形和三角形的镂空图案。殷商时期镂空技艺继续发展完善，镂空的材料变得丰富，带有精美图案的镂空玉器开始出现。这个时期的镂空作品，整体的外观和镂空的图案都非常考究与精致。美国华盛顿弗利尔美术馆的玉器藏品中，就有大量的殷商时期的玉质配件，这些玉质配件多在轮廓边缘做镂空处理，极大地增加了装饰效果。

到了周代，镂空玉器已经成为普遍的服饰装饰出现在百姓生活之中，相较于之前，这时的镂空玉器更加精美，运用大量繁复的雕刻技艺营造透光的艺术效果。在追求精致和透光效果的同时，镂空的造型方式也使得配饰的原型材料自重减轻，为百姓佩戴带来了很大便利。周代之后，镂空的主体雕刻材料开始在青铜、木材中大量出现，同时还出了用模具来浇铸镂空配饰的"二次铸"工艺，这使得完全镂空的小型饰品在此时得到广泛的发展和盛行。多样化的镂空雕刻材料和镂空工艺让镂空对象的厚薄、虚实以及吸光与透光的对比更加强烈，增加了镂空配饰和镂空艺术品造型的丰富性和装饰效果。

图0-4　立体镂空玉器　台北故宫博物院藏

唐代开始，除了小型镂空装饰品的继续普及，庙宇建筑中也开始盛行镂空雕刻的使用。发展到国力强盛的明清时期，镂空艺术已经走向鼎盛，这个时期的镂空艺术在材料的选择、雕刻的技艺及应用的范围上都达到了炉火纯青的地步，从日常人们的生活发饰、配饰、日用品以及建筑庙宇、亭台楼阁等都可以找到镂空技艺的精湛巧妙的运用。

从外观形态来看，可以将镂空分为立体镂空与平面镂空两大类。第一类立体镂空在形式构成上接近于前文所讲的圆雕式浮雕和高浮雕，具有很强的空间感和立体感。它是通过各种镂空技法将材料的内部空间及外部空间进行镂空的雕刻处理，同时利用镂空的手段让雕刻材料的内外相互连接，从而在外观形态上营造出错综复杂的视觉效果，使镂空作品更加具有立体空间感。当光影照射时，立体镂空的作品能够表现出不同的形状、画面和空间层次，形成独特的艺术效果（图0-4）。

第二类平面镂空在形式构成上接近于前面讲过的浅浮雕。它实际上是利用绘画的表现方式，结合图案和立体空间的处理效果，用平面的形式将表现物体进行镂空进而强调出整体的轮廓与线条。相对于立体镂空来说，平面镂空立体效果较弱，但是却有极强的纹样图案装饰美感（图0-5）。

图 0-5　平面镂空　中式花格门窗

　　总的来看，镂空在表现方式和呈现效果上有着诸多的优势，因此被设计师大量应用到不同门类艺术当中。首先，镂空因为"透"的造型特征，可以轻松地将周围的环境通过镂掉的部分显现出来，这样就增加了镂空作品与周围环境的协调性和适应性，使其更容易成为附属的装饰艺术品。其次，镂空作品因为不同的雕刻技艺和表现方式使其既可以是接近于绘画的平面造型，也可以是三维的立体空间造型，这无疑从外观形态上丰富了镂空的艺术表现力，使其可以在不同的场合灵活运用。最后，镂空造型方式的工艺特性使其具有节省材料、重量轻、通风且透光性好的特点，这些特性符合当今社会提倡的绿色环保设计理念，这也使得镂空技艺有了更为广阔的应用前景。良好的协调适应性、灵活的应用范围及透光、通风、自重轻、省材料等种种优势使得镂空技艺成为越来越普及的造型方式被广泛应用，从人们日常的装饰品、生活器皿、服装再到大型的园林、建筑、景观等都可以找到精致造型的镂空艺术品。镂空已经成为一种与时俱进的艺术表现形式，不断给人类的未来生活添加各种新的可能。

二、浮雕与镂空在表演服饰中的界定

1. 书中所涉及的专业术语

表演

书中所谈的表演包括每季度的流行资讯、时装发布会、各类服装展示、综艺节目表演、影视剧以及戏剧演出等。这些不同类型的表演都有一个共同特点：其服饰造型的设计与体现以保证表演效果作为重要目的，同时考虑表演人物的身份、性格等特征或是考虑设计师的主观情感表达，用一切富有冲击力的外部形态协助表演者将人物塑造得更加鲜明、生动或是将设计师的抽象情感通过具象化外观进行表达。

服饰

书中所谈的服饰是指装饰人体的所有物品的总称，包括了服装、鞋、帽、围巾、领带、提包、伞、发饰等。

服装

书中指衣服与鞋帽的总称。

服装配件

原指服装或身体上添加的一些附属装饰品，书中特指服装主体中的装饰，不包含头部的装饰。

头饰

特指头部的发饰及装饰。

化装

特指表演类人物造型中的化装造型，关于"装"的解释，本书附篇也会有详细的阐述。

表演服饰造型

书中所谈的表演服饰造型，指舞台表演或者各类演出中的人物服饰造型。表演者在特定的表演场合进行演出表演时所穿的经过设计师主观设计或选择后的服饰造型。在这里需要特别点明的是：书中涉及部分化装和头饰方面的案例，目的是为了更好地佐证文中的某些观点。对于表演服饰造型、表演人物造型、化装与服装关系等具体的阐述，笔者会在附篇中做详细地解释和说明。

浮雕与镂空

书中的浮雕与镂空有两个层面的意思。第一个层面的浮雕与镂空是作为名词使用，主要强调呈现的结果，指有着浮雕或镂空感的肌理材料或是通过不同的浮雕镂空手段或附加装饰塑造的浮雕与镂空效果；第二个层面的浮雕与镂空是作为动词使用，主要强调设计师创作的过程，指能够体现浮雕与镂空效果的各种造型手段。

2. 表演服饰中浮雕与镂空的概念界定

表演服饰中浮雕与镂空的概念，引申自传统雕塑与建筑艺术，书中指的是服饰造型中能够体现出浮雕与镂空特征的造型形式和装饰手段，它是针对表演服饰中材料、工艺、装饰方式等提出的相对性的概念。

表演服饰中的浮雕形式

设计师在进行表演服饰设计时，经常会利用不同的工艺手段如褶皱、缝缀、拼贴、刺绣等对服装原型材料或者是已经制作成型的服装进行二次再造，通过这些不同工艺手段的塑造可以使得服饰表面形成一定的凹凸肌理效果，从而在视觉上营造出"软雕塑"般的效果。与建筑或者雕塑中的浮雕形式一样，表演服饰中出现的浮雕形式是把平面立体化，将包裹在人体之外的服饰材料看作是一个整体，在这个基底上面按照现代艺术创作的构成规律以及现代人的审美情趣，在运用各种不同的工艺手段进行浮凸感肌理的塑造，这种凸起的肌理在人体以及服装之上就构建成浮雕状的外观形式。根据不同的表现手段和呈现效果将表演服饰造型中浮雕的表现形式分为两种：一种是指运用不同的工艺手法对同一材质进行肌理塑造，使之形成凸起于原型材料表面的肌理效果。比如常见的褶皱肌理处理，就是将一整块布料通过高温熨烫、手工捏褶、聚拢成褶等不同的手法使其呈现出浅浮雕的肌理效果；另外一种形式是通过多种材料间的组合来呈现肌理效果。浮雕的肌理效果不仅是运用各种手段对于同一材料进行肌理塑造，同时还表现在不同材料间的组合搭配上。这种材料间的组合包括不同形式的辅料装饰、不同材质的组合拼接以及不同的服饰配饰与服装的搭配组合等。服装辅料的装饰如亮钻、花边、纽扣、服饰的缘边等；不同材质间的组合如厚重的毛皮与丝绸、皮革与棉麻、蕾丝与纱料等；不同的服饰配饰与服装的搭配如腰带与服装、胸针与服装等。当这些不同的辅料、材料以及服装配饰与服装主体搭配时，会形成凸起于服装原本外轮廓的造型并形成一定的浅浮雕肌理。相较于单一材料塑造的浮雕肌理效果，多种材料的组合塑造方式其材料的选择、工艺的运用更加的灵活，组合后的装饰效果也更加的丰富多变。

　　通过以上两种方式塑造呈现的浮雕肌理效果，有些是可以让观者明显看得到的，有些则表现得比较含蓄。本书试图参照建筑与雕塑中浮雕的分类方法对表演服饰中出现的这种浮雕现象进行分类：当服饰外观凹凸起伏较大或者附加装饰的体积感较强时，在视觉上能够明显的呈现出较强立体感肌理浮雕效果，这种浮雕形式书中称之为深浮雕形式；与深浮雕形式相较而言，服饰外观凹凸起伏平缓或者附加的装饰物平面性较强，接近于二维平面的浮雕形式，书中称之为浅浮雕形式。在舞台表演中，为了得到某种夸张的表现效果，经常会利用填充的手段来塑造凸起的肌理效果，这种一定观演距离下夸张肌理的塑造方式达到了书中设定的深浮雕的标准。如中央戏剧学院实验剧场演出的话剧《秦王政》①，为了追求题材的历史厚重感同时又考虑到大剧场观演距离的需求，在服饰纹样中采用填充的手段来达到明显的浮凸效果。不但很好地强调出服饰的纹样特征和造型特点，满足了大剧场观演距离的需求，

① 话剧《秦王政》，2009 年中央戏剧学院实验剧场首演。导演：廖向红，舞美设计：黄楷夫，灯光设计：胡耀辉，服装设计：胡万峰，化装设计：王小荭。

同时又极大地增强了服饰的视觉表现效果，渲染了剧目的整体气氛。像这种凹凸起伏明显、触感强烈的浮凸造型我们可以理解为深浮雕形式，深浮雕的形式有着体积庞大、气势恢宏的效果，尤其适合大剧场大舞台的表演，同时又可以塑造剧目厚重、严肃、凝重的气氛（图0-6、图0-7见文前彩插）。

　　深浮雕的形式因其特殊的表现效果需要一定的前提条件，在大多数情况下，设计师会利用更为便捷的附加装饰的手段来丰富服饰外观效果。这种通过添加附着物形成的凹凸肌理效果往往比较含蓄，观者需要通过电视高清镜头、细致的观察或者是真实的触摸才能看到服装表面缓和的起伏变化，我们将这种肌理造型理解为服饰造型中的浅浮雕。在现代剧目或者一些比较写实的历史正剧中对于浮雕装饰的运用多集中在传统的装饰技法和装饰材料上面，如亮钻的粘贴、服饰的边缘装饰、刺绣工艺的运用、蕾丝面料的装饰等，这种装饰方式形成的效果一般都比较平和，整体视觉效果上没有强烈的凹凸体感变化，但是一般具有较强的装饰性效果。如电影《道士下山》[①]中，剧中主要人物的服饰都是运用浅浮雕的造型手法来呈现，通过在服装主体材料表面添加明缉线来增加服装的整体装饰效果（图0-8）。与前面所讲的《秦王

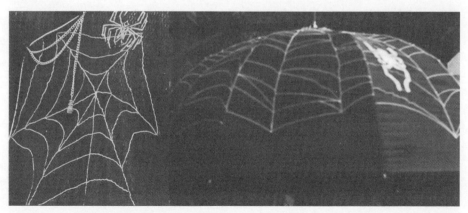

图0-8　电影《道士下山》服装及雨伞局部造型中的浅浮雕形式　图片来源于影片截图

————————

① 电影《道士下山》，2015年中国大陆上映。导演：陈凯歌，美术设计：韩忠，服装设计：陈同勋。

政》中的案例相较，这种浅浮雕的制作工艺和表现效果更加的细腻，能够将服装繁复的纹样清晰地呈现出来，更适应于影视剧高清镜头下的检验，其丰富细致的浅浮雕肌理纹样能够让观众直观地感受人物的不同性格状态。

表演服饰中的镂空形式

表演服饰造型中经常会用到各种工艺手段，如剪切、撕扯、雕刻、编织等，通过这些不同的工艺手法可以使得服饰材料表面形成有规则或者无规则的空洞，从而使服饰造型形成镂空风貌。与浮雕形式相比，服饰中镂空一般没有可附着的基底材料，直接在原型材料上通过不同的工艺手段体现镂空的效果。

根据建筑与雕塑中对于镂空的分类，书中试图将表演服饰造型中的镂空分为平面镂空与立体镂空两类。平面镂空类似于绘画与雕塑结合的造型形式，它是以不同的工艺技法在服装表面进行镂空造型，或者是使用某种固定的镂空材料充当服装的主体材料。这种镂空形式立体感相对较弱，但是它可以很好的依附于人体各个部位的结构和转折并起到很好的装饰效果。如表演服饰中经常用到的具备天然透空风貌的蕾丝面料，它的凹凸、厚薄等外观特点使其更加接近于平面镂空的形式，设计师可以将其作为服装的主体材料并使其依附于人体的结构，塑造人体的线条之美。又如表演服饰中经常运用的剪纸元素或者皮影元素，也是平面镂空的一种形式。中国的传统剪纸和皮影造型，是用剪切、雕刻的手法将纸或驴皮等材料进行镂空处理，从而形成透空的效果。表演服饰中有时候会直接借鉴剪纸和皮影的造型特点对服装原型材料进行剪切或者雕刻的处理，但多数时候却是借用剪纸或者皮影的镂空虚拟形态。比如通过喷绘或者印染的手法得到剪纸或者皮影的图形，这样并没有产生实体的镂空效果，只是对其中的纹样或者图案进行描绘或印染，但是观众却因为惯性思维模式对其产生镂空的视觉感。

与蕾丝、剪纸、皮影等这些平面镂空形式相较，立体镂空是在立体造型中进行镂空形态的表现，这使得表现对象呈现出极强的立体空间感。立体镂空塑造的这种外观形态能够更好地突出服饰作品的廓形结构，延伸服饰作品

图 0-9　电影《白雪公主与猎人》王后肩部立体镂空造型细节　图片来源于影片截图

图 0-10　电影《封神传奇》苏妲己一角的立体镂空头饰造型局部　图片来源于影片截图

的形体空间，创造出更为复杂多变的视觉效果。在电影《白雪公主与猎人》中[①]，王后一角在大殿所穿的服饰其肩部就采用立体镂空的编织手法来体现（图 0-9），通过演员的表演立体镂空的肩部廓形在不同角度下呈现出不同的形状和透视画面。电影《封神传奇》中[②]，苏妲己的头饰造型也采用立体镂空的方式表现（图 0-10，图 0-11 见文前彩插）。用金黄色的金属材料进行

---

① 电影《白雪公主与猎人》，2012 年上映。导演：鲁伯特·山德斯 (Rupert Sanders)，服装设计：柯琳·阿特伍德 (Colleen Atwood)。

② 电影《封神传奇》，2016 年上映。导演：许安，艺术指导：张叔平，服装指导：吕凤珊。

头饰外轮廓的塑造，同时用不同的线形镂空形式进行廓形内部的连接，连接的线条又进行了前后弯折的凹凸处理和长短粗细的布局排列，这样就极大地延伸了作品的形体空间以及视觉表现效果，同时也将人物的身份特征及剧目风格很好地体现出来。总的来看，平面镂空的表达效果婉转含蓄，更适用于服装大面积的塑造，其丰富细腻的纹样图形可以传递出设计师的主观情感或者表达出剧中人物的身份性格等特征；立体镂空因为其特有的复杂多变的空间特征，更加适用于服的局部塑造或者是配饰、头饰等饰品的塑造中，通过凸出强化的局部造型或错综复杂的立体形态最大化地提升服饰作品的视觉冲击力和艺术表现力。

三、表演服饰中浮雕与镂空的涵盖与构成

1. 表演服饰中浮雕与镂空的涵盖

浮雕与镂空在表演服饰造型中的应用范围非常广泛，不同的部位其选择的材料、造型的工艺、装饰手法大相径庭。根据表演服饰中浮雕与镂空装饰的不同部位，本书将其分为首饰、服装主体以及服装配件三个部分。

浮雕镂空与首饰

首饰是佩戴在人体身上的装饰品，表演服饰中的首饰是指头饰、项链、手镯、耳环、胸花等饰品。这些首饰一般都是可以灵活脱离开服饰主体的个体，当它们作为独立的形态展示时，通过浮雕镂空造型技艺可以使其呈现出凹凸或者镂空的效果；而当它们与人体或者服装主体结合，又能在这种相对的"底板"上形成凸起效果。首饰的制作材料一般多选择金、银、玉、石等质地坚实紧密的材料，这与雕塑中选择的材质接近或者一致。因此，首饰的浮雕镂空造型技法也多借鉴雕塑的传统技艺，甚至有些造型方式完全采用了雕塑的造型模式。丰富多样的造型技艺使得首饰中浮雕与镂空的题材选择性更加丰富多样，图案纹样也更加繁复精致。古装类题材的影视剧目中，演员往往需要佩戴大量的金银玉石等头饰或发饰。这些能够凸显人物身份特征的

首饰都大量采用了浮雕与镂空的传统造型技艺，其形态迥异的造型形态及灵活多样的工艺技法不但将中国传统文化发挥得淋漓尽致，同时也极大地丰富了服饰作品的装饰效果，满足了观众的视觉享受。

浮雕镂空与服装主体

服装主体是指除首饰及服装配件外穿着在人体之上的服装，它占据了整个服饰造型绝大部分的面积，起着视觉引导重心的作用。服装主体中的镂空与浮雕主要指通过各种工艺手段对服装主体材料进行二次设计或者通过添加服装辅料的装饰使服装主体最终呈现出的凹凸或镂空的肌理效果。按照浮雕与镂空应用的规律，我们可以将服装主体分为三个主要部位：服装的边缘位置、服装的肩部以及服饰边缘之内的中心位置。

表演服饰的边缘位置一般集中在服装的领口、袖口、衣摆、裤边、门襟等处。在表演服饰设计中，对边缘位置进行修饰可以强化服饰的轮廓造型，尤其是在电影电视、综艺表演等高清镜头下的服饰造型中，服装的边缘位置往往容易成为吸引观众视线的地方，因此会经常运用浮雕或者镂空的手段进行强化处理。如刺绣、镶、滚、贴或者是编织、镂空等工艺的运用都可以在这些边缘位置形成一定的浮雕或者镂空肌理效果。领口、袖口、衣摆、门襟这些边缘位置相对来说较为狭小，可进行设计体现的发挥空间不大，因此这些狭小部位的浮雕镂空更加注重工艺的精致性，一般会使用精致的贴饰、刺绣或者通过编织镂空的手段来体现浮雕镂空肌理。尤其是电影电视的服饰创作中，领口、门襟及袖口等边缘位置都是观众的视觉重心，也是服饰创作的重点部位，可以通过添加镂空肌理效果的花边或者车缝明缉线等形式来塑造精致细腻的肌理效果。需要特别指出的是，领子部位因为靠近表演者的面部五官而出现频率最高，也是创作中的重中之重，因此这个部位浮雕镂空的工艺要更为考究和精细。除了运用前面提到的刺绣及镂空材料拼贴的方式，还可以在这些边缘部位做不同材质、色彩及形态的镶、滚等缘边或襟边的处理，以此强调服装领部的轮廓，加强服装领部细节装饰感，让服饰更加精致耐看。

肩部是表演服饰造型中凸显体型轮廓的重点部位，也是最容易发挥浮雕与镂空造型手段的部位。肩部的轮廓形态可以根据设计需要大胆地运用圆雕式浮雕、深浮雕和立体镂空这些具有强烈视觉表现效果的造型形式。如利用填充材料或者是粘贴硬衬的方式对肩部轮廓进行立体塑造从而形成强烈的浮凸于人体肩部轮廓之外的夸张立体效果。又如为了表现某些特殊的效果，肩部造型会直接选择非常规的硬质材料进行塑型体现。首先对硬质材料进行雕刻处理使其接近于所要呈现的造型意图，紧接着对材料的内部空间和外部空间进行立体镂空的连接，这样凸起的镂空立体造型不但能够很好体现出肩部轮廓的力量感，而且其中的镂空风貌又起到了很好的装饰美化的效果。

表演服饰的中心位置是指服饰边缘之内的部位，它与服装边缘呼应，包括胸部、腰部、背部等处。相对于服饰的边缘位置，服饰中心位置视觉面积较大，更容易给观众留下深刻的印象，浮雕与镂空的呈现可以更加自由和洒脱。中心位置的胸部是除了人体面部之外较为重要的视觉中心，因此大量的浮雕镂空体现会选择胸部作为主要设计部位来展开。尤其在女性服饰造型设计中，为了凸显性感妩媚的形象，更加注重对于胸部细节的处理，通过粘贴亮钻、熨烫硬衬、增加褶皱或者运用镂空材料进行拼合处理等形式塑造胸部的肌理视觉效果。背部、腰部是除了胸部之外的另外两处重点装饰区域。这两个部位都可以很好的强调出人体的曲线之美，同时也可以体现出女性特有的性感的特征。由于其位置的特殊性，背部及腰部一般选择镂空的形式来体现，这样可以通过镂空的形式强调人体曲线之美，塑造女性性感、妩媚的形象。

浮雕镂空与服装配件

表演服饰中的服装配件包括纽扣、腰带、鞋子、围巾、帽子等，这些不同的服装配件可以有效地点缀服装，甚至可以改变服装的样式，增加服装整体的装饰美感。

　　纽扣是整个服装中较小的配件，主要起固定衣服的作用。为了更好地对服装进行装饰及固定，纽扣的自身形态往往就带有浮雕与镂空的造型特点。一般情况下，纽扣在服装中所占面积不大，但是精致的浮雕镂空造型加上材质的特点却让其十分突出。尤其是当纽扣与服装组合后会形成一定的浮凸效果，更能起到画龙点睛的作用。传统服饰中最早的纽扣原型是服装中用来固定衣物的带子、绳子，后来发展成带有花纹装饰的代钩。纽扣的真正出现是在元代以后，金、银、珍珠等材料制作的纽扣代替了之前的带子与绳子。随后，纽扣的形制愈发完善，材质更加丰富，纽扣上也渐渐出现了浮雕镂空工艺的装饰。现代的纽扣在材质上分为布料扣、塑料扣、金属扣、木质扣等；从形态上又分为中国传统的圆扣、盘扣等。这些纽扣自身的形态或者与服装的搭配组合都可以产生一定的浮凸效果。当纽扣在服装表面出现时，能够与服装组合产生明显的浮雕凸起效果。如典型的盘扣，其题材、形态及情感表达丰富多样，通过盘的技艺可以形成富有浓郁民族情趣和吉祥如意的图形。表演服饰设计中，有时候会把盘扣的形态夸张放大，这样与服装搭配组合后会形成更为凸出的浮雕视觉感。同时，纽扣中的镂空扣眼设计不但可以固定纽扣与服装本身，同时也可以搭配不同颜色的缝线来提升服装整体的设计感和装饰效果。

　　腰带、围巾原本都属于服装的功能性配件，但是随着历史的演变，现在的腰带和围巾还兼具了实用与装饰美化的功能。现代设计中经常运用肌理再造或者添加附加装饰的手段使腰带、围巾呈现出浮雕与镂空的肌理风貌，这让腰带与围巾作为单独个体存在时的装饰性大大提升。另外，作为一种附属添加，当这些具有浮雕镂空肌理的腰带或者围巾与服装主体贴合时，还可以形成另外一种层次与凸起效果，这无疑又一次增加了服装的空间层次感和装饰美化效果。最后，服饰的配饰也能够起到分割线的作用，如腰带装饰，就可以很好地分割人体比例，提高腰线位置，塑造高贵典雅的女性气质。

　　帽作为一种脱离服装主体的独立形态，其上的浮雕与镂空造型方式主要表现在浮雕镂空材质的运用以及附属装饰的添加所形成的凸起效果上。通过帽的浮雕镂空肌理，可以将人物的身份特征鲜明地强调出来。

　　鞋是独立存在的服装配件，其表现出的浮雕与镂空风貌一般通过浮雕镂空工艺以及附加浮雕镂空装饰来呈现。在表演服饰创作中，鞋有时候会直接进行镂空工艺的处理。将鞋的重点部位如鞋头、两侧等进行部分镂空，从而起到一定的装饰或者呼应服装主体的效果。除了直接镂空的方法外，还可以选择现有的镂空材料或者镂空装饰辅料在鞋的表面进行拼合处理，这样就形成了层次更为丰富、表现效果更为突出的浮雕与镂空肌理效果。

2. 表演服饰中浮雕与镂空的构成

浮雕与镂空形态的构成

浮雕与镂空的点状形态：表演服饰中浮雕与镂空的体现有时会以小面积小范围的形式出现在服饰上，这种点状的小面积运用，往往能够起到画龙点睛的作用。因点状装饰物或者装饰效果在服装局部汇集能够形成一定的凹凸或镂空肌理效果，这样凸起或镂空的肌理就与周围大面积的服饰整体产生了鲜明的对比，进而导致这些小面积装饰能够迅速吸引观众并成为观众的视觉中心。一般情况下，点的面积越小其视觉的冲击效果就越强。当点的构成数量达到一定的程度或者进行有规律的排列组合时，点的构成就转化为面状构成或者线状构成。

　　表演服饰造型中点的形式是观众视觉中较小的形态，尤其是在一定的观演距离影响下，服饰中点的形态大小及构成点的材质要进行合理的选择。点的形态未必是规则的圆点，它有可能是任意的形态或者是任意形态的组合。纽扣、亮片、亚克力钻、珍珠、金属铆钉等不同质地的小颗粒材料是表演服饰中经常运用的点状装饰辅料，通过点状辅料与服饰造型的结合，可以起到突出强调"点"的作用。如前面提到的纽扣，一方面可以起到固定衣物的作用；另一方面也可以作为浮凸型的装饰物以点的形式在服装表面形成布局，通过规律或无规律的排列组合形成强烈的节奏和韵律感，起到装饰美化的效果。又如，常用的点状装饰物金属铆钉，不但可以通过不同的布局排列对服装主体进行装饰，同时也可以与皮革材料结合营造朋克和摇滚的效果。当然，点状构成不仅仅是运用添加辅料的方式去实现，也可以通过不同的镂空技法在服装表面塑造不同的点状镂空，以此增加表演人物服装的装饰性美感以及人物服饰的性格化表达。在北京电影学院青岛分院服饰展演中，王婷同学的服装作品《莎乐美》选择欧根纱作为主体材料，在服装的胸前部位用灼烧的方式对欧根纱进行点状的镂空处理，同时在服装的裙体部分散点式的粘贴人造花瓣。点状分布的灼烧镂空效果使得服装上半身呈现出妖媚的性格特点，分散的人造花饰在裙体表面形成了一定的浮凸效果，营造出莎乐美清纯的性格特点。浮雕肌理的点状花瓣与镂空肌理的点状灼烧形成了鲜明对比，突显人物双重性格的同时，也呈现了强烈的视觉表现效果和艺术表现力。

浮雕与镂空的线状形态： 在表演服饰设计中，线是连接服装面与面之间的纽带，它的出现主要集中在表演服饰不同部位的边缘轮廓中，这些不同部位边缘的缘饰是浮雕与镂空装饰的重要部位。宽窄、长短不一的线性缘饰可以很好地起到强调、装饰甚至是表达人物性格的功能，是设计师进行表演服饰设计非常重要的一种手段。线的构成可以是轮廓线、结构线、分割线等，通过线的组合可以调整服装的比例，分割整体的结构。不同的线形有不同的表情语汇：如出现在服饰边缘的水平直线型镶边，可以塑造男性角色的力量感和稳重之感；服饰边缘的垂直镶边和装饰在女性领口处的花边形成的曲线造型可以突出女性纤细、柔美、浪漫的特质；门襟等处的斜向镶边可以塑造人物的动态、不稳定之感。设计师可以利用不同线形的不同表情语汇特征，同时结合表演剧目的客观需要对其进行合理的利用。比如领口、门襟或者裙摆等处的线性缘边，可以运用与服装主体材料反差较大的颜色或者材料进行装饰，不但可以起到强化边缘轮廓的作用，其色彩、材料的不同搭配甚至可以体现出人物的特殊身份及特殊性格特征。

浮雕与镂空的面状形态：面在表演服饰中占着主导地位，其在服装整体中的合理布局可以形成极强的冲击力和表现力，是突出整体服饰造型的最重要的构成方法。像大面积的刺绣纹样、拼贴装饰甚至是披肩、围巾与服装的搭配等都是以面的形式与服装进行组合。这种组合的方式因为面的大体量关系形成了色彩、材质在面积上的强烈对比，可以很好地呈现出服饰的主要风格和设计师主要的情感表达。另外，上文提到过，当点状构成达到一定数量的时候，也能够形成线状形态和面状形态。表演服饰造型中经常使用亮片装饰或其他颗粒状辅料装饰，当这些装饰物进行大面积的紧凑型布局时，就可以连接形成线状形态或者面状形态，从而形成强烈的视觉冲击力和表现力。

浮雕与镂空纹样图案的构成

对称型：表演服饰设计中的对称型纹样图形一般有两种形式。一种是完全对称；另外一种是均衡对称。完全对称一般是以人体中心为竖轴，图形左右完全对称，这种纹样图案构成给人以庄重、稳定之感。均衡对称则没有具体的中心轴，它是通过不同的图形组合排列在视觉上给人以稳定感。在古装表演剧目中，威严、庄重的人物形象其服装造型中的刺绣纹样多采用完全对称的纹样图案设计；俏皮、活泼、年轻化的人物形象其服装的刺绣纹样则多采用均衡对称的纹样图案设计。

不规则型：表演服饰造型中的不规则纹样图形是设计师进行自由的设计、排列及组合而形成的纹样图案，这种形态一般体现的过程比较主观随意，充满偶然性和创意性。如塑造某些放荡不羁的人物角色服装，设计师可以对服装材料进行不规则的褶皱设计又或进行随意的拼贴设计等，通过这些不同的手段增添服饰的肌理感、装饰性以及表演视觉效果。

连续型：表演服饰造型中的浮雕与镂空图形经常会在一定的单位空间内重复循环，这样就形成了有规律的连续型图形。根据图形的排列方式将其分为二方连续和四方连续。二方连续的方向是向上向下或向左向右线性排列，具有很强的秩序感和节奏感。

表演服饰造型中二方连续的图形一般用于塑造威严、庄重的人物角色服装。四方连续是在一定单位空间内组合而成的图案，通过向上向下或者向左向右重复排列，具有很强的视觉冲击效果。表演服饰造型中四方连续的图案一般用于某些具有权势、富贵的人物角色服装中。

发散型：发散型是以某个点作为中心点，向外规则或者无规则的辐射式散发，这种构成形式比较具有造型的运动感。表演服饰造型中，发射型的浮雕镂空构成方式一般用来塑造某些年轻、活泼的人物角色服装。

四、表演服饰中浮雕与镂空的共性

浮雕与镂空虽然有着各自不同的造型工艺和装饰法则，但是它们在表演服饰设计中的应用存在的更多的是相互的交汇与相互的融合，不管是在外在形式还是内在审美意蕴上，两者都有着许多异曲同工之妙。

1. 共同的历史发展轨迹和发展趋势

美国著名人类学家弗朗兹·博厄斯[①]（Franz Boas，1858—1942年）在《原始艺术》一书中说："无论哪一种工艺，其技术和艺术的发展均存在着紧密的联系，技术达到一定程度后，装饰艺术就随之发展。"[②]浮雕与镂空造型方式原本都属于雕刻技术的一种，随着技术的不断进步，浮雕与镂空的艺术性也逐渐提高和扩大其在不同艺术领域的运用范围。但是不管怎样变化，浮雕与镂空在缘起及不断的发展过程中一直存在根深蒂固的内在联系，它们就像一对孪生姐妹，共同服务于表演服饰造型的创作。

我们的先人在满足了原始生活的基本要求之后，有意识地尝试使用各种技艺在器具上凿、挖、雕、嵌，用这些原始的技艺使得器具表面呈现出浮雕与镂空凹凸或透空的效果，使平淡的物品变得更加具有实用性和装饰美感。山东省临朐县出土的新石器时代的玉簪，是有实物考证的较早的玉器饰物。

---

① [美] 弗朗兹·博厄斯，德裔美国人类学家，现代人类学先驱之一，被称为"美国人类学之父"。
② 引自《原始艺术》第12页。

这件饰物的簪头部位选择质地坚实的玉石进行镂空处理，簪柱则雕有凸起的环形纹样，此外，玉石上还镶嵌有凸起的绿松石，整体运用浮雕与镂空相结合的方式呈现。到了春秋战国时期，社会经济进一步发展繁盛，浮雕与镂空的造型技艺也在人们的生活器皿、家居用品、日常服饰、头饰及妆饰等不同的形式中得到普及应用。这一时期人们的日常服饰开始使用贴绣的工艺，或者使用剪刻的手段使材料呈现镂空的效果。尤其是达官显贵们更加追求在服装及首饰中运用浮雕与镂空的工艺，以此彰显自己的身份和等级。湖北省江陵县曾出土过战国时期的一块镂空材料，其上就镂空有几何状花纹和排列有序的几何图形，服饰学家根据这块镂空材料的质地及纹样推断其就是当时服装中使用的材料，这块材料的出现也极大地说明了镂空技艺在春秋战国时的普及流行。除了在服装中使用浮雕与镂空的工艺，这一时期人们的面部造型上也使用各种镂空材料进行粘贴装饰。将各种人造或天然的材料如绸、罗、蝉翅、鱼鳞等剪刻成星、月、花、鸟等各种形态的镂空图案，然后将其贴在额头、面颊、下颌等处，这样就极大地丰富了面部妆容的立体层次效果和装饰美感。

自此之后，服装中绣的应用及妆饰中粘贴镂空图形的方式在各朝各代延续发展。我们在诸多出土文物和有关的史书记载中都可以看到这种浮雕与镂空同时运用的案例。湖南战国楚墓出土的木俑面部就装饰着形态各异的面花，服装中则表现出贴绣状的花纹装饰。流传于世的唐代木俑、唐三彩以及绘画作品中更可以清晰地看出人物面部的扇形、桃形、动物角状等形态各异的面花装饰以及服饰中运用的刺绣的工艺手段。另外，《史记·孔子世家》中曾记载："于是选齐国中女子好者八十人，皆衣文衣而舞《康乐》，文马三十驷，遗鲁君。"这里指的文衣就是装饰有浮雕感纹饰的绣衣，可以想象八十名女子身穿刺绣舞服头戴簪饰起舞《康乐》的盛景。白居易的《霓裳羽衣歌》也写道："案前舞者颜如玉，不着人间俗衣服。虹裳霞帔步摇冠，钿璎累累珮珊珊。"诗中提及的衣服、步摇冠、钿璎、珮均少不了精细繁复的浮雕与镂空装饰。明代的戏曲总集《脉望馆钞校本古今杂剧》，其中也有关于戏曲服饰纹饰及头饰资料的描述，由此也可以判断，那个时期表演服饰中浮雕与镂空肌理的纹饰已经十分繁复与华丽。

综上所述，从浮雕与镂空的发展轨迹以及它们在传统服饰和传统表演服饰中的发展趋势不难看出，浮雕与镂空技艺几乎是相随相伴的一对孪生姐妹，它们共同成为服饰的附属造型方式，共同装饰与丰富着服饰的外观造型。

2. 局部运用与整体运用的合理共存

中国传统文化受儒家的"礼"学和朱熹提倡的"程朱理学"影响深远。在这样的文化思想影响下，中国历代人们的审美心态趋于保守和封闭，这种审美心态在传统服饰中有着非常明显的体现。我们从传统服饰的搭配法则中很容易发现——重衣饰、轻配饰。重衣饰是指增加服装的纹样装饰，在服装主体中选择二维平面且宽大多层次的结构，通过多层次的褶皱或具有一定凸起效果的刺绣方式增加服装主体的肌理装饰效果，这种增加的方式符合中国传统的保守的思想状态；轻配饰是指缩小或减少配饰的装饰面积，在服装的配饰及头饰中运用贵重材料进行小面积的装饰，这种减轻的方式也符合中国传统的朴素含蓄的思想意识。

纵观整个服饰发展历程：人们用于主体衣着的材料一般选择棉、麻、丝、绸等天然轻松的材质；用作头饰、服装配饰等的材质多选择金、银、玉等具有一定重量感的材质。这两类材料不同的天然属性决定了浮雕与镂空不同的造型方式。棉、麻、丝、绸等重量较轻的材料一般做加法的设计；金、银、玉等有一定重量的材质我们一般做减法的设计。在表演服饰造型中，为了最大化的方便表演者的表演，这条法则更为突出。我们在诸多的表演服饰案例中可以看到：镂空形式多用作于饰物，如头饰、服装配饰等的造型，多以精致的形式小面积局部运用；浮雕形式多作用于衣着上的造型如服装刺绣、贴绣等，以厚重的形式大面积整体部署。

总的来看，浮雕与镂空在表演服饰造型中运用实现了局部与整体的合理并存。在大面积的衣着上，一般做趋于保守的加法，多可以实现浮雕的肌理效果；在小范围的配饰上，一般运用突出重点的减法，多可以实现镂空的肌理效果。这种一加一减，整体和局部的协调既秉承了中国传统的文化思想与审美心态，又在合理范围之内大大丰富了服饰的装饰效果。

3. 共同的装饰法则和审美意蕴

浮雕与镂空有着共同的装饰法则，不管是在外在表现形式还是内在审美意蕴上，都有许多异曲同工之妙。

首先，浮雕与镂空同是运用多种不同的工艺手段塑造服饰材料或者丰富服饰外观的肌理风貌。它们实则是对服饰材料的二次设计与再造，通过剪、切、绣、编、褶皱等各种不同的工艺手段将原本普通平凡的材料变得更加具有艺术性，更加适合和满足于表演服饰中人物角色、舞台观演距离以及舞台视觉效果等的需求。另外，浮雕与镂空原本就属于传统的造型技艺，在具体的技法呈现上，表演服饰中的浮雕与镂空很多时候又借鉴了传统的不同艺术门类中的技艺，这些不同的传统艺术门类如雕塑、建筑、剪纸等提供了丰富多样的造型手段，这使得浮雕与镂空具备更多的工艺性的选择和塑造丰富服饰外观肌理风貌的可能。其次，浮雕与镂空的装饰形态极为相似，它们都讲求精细的做工，通过考究的取材与工艺技法塑造服饰外观丰富的肌理效果与繁复精致的图案，使得服饰作品呈现出很强的装饰美感与空间美感。在电影电视的高清镜头要求下，浮雕与镂空的精细工艺就显得更为重要。在诸多古装题材的影视剧目中，我们都可以从服装主体中发现大量的精美刺绣装饰，同时在头饰及配饰中也有大量精细的镂空雕刻的应用。浮雕与镂空在共同塑造表演服饰外观肌理效果的同时，还呈现出形态各异的纹样图案，这不但让观者对其产生了不同的情感解读，同时这些饱含隐喻意义的纹样图案也更加生动地将表演人物的身份、性格等信息传递出来。比如表演剧目中塑造的皇帝或者皇后这一类角色，在其服装主体上多进行龙、凤的刺绣纹样装饰，在他们的头饰及配饰中也经常装饰有浮雕或镂空的龙、凤或者其他类型的纹样。这些相同类型的纹样图形都是为了更好地传递皇帝或皇后的角色身份性格特征，其传递给观众的情感信息是一致的。

总的来看，表演服饰中浮雕与镂空各种不同造型手段的运用和它们塑造呈现的各种纹样图案都是为了更好地传递表演人物的身份性格特征，塑造表演服饰的视觉冲击效果和艺术表现力，它们用一致的装饰法则和情感表达共同服务于表演服饰造型设计。

4. 相互融合与相互渗透

在多元发展的文化背景下，浮雕与镂空在表演服饰造型中的运用往往是相互融合与相互渗透的。现代表演服饰设计中常用的工艺如抽纱、雕绣、网绣、贴绣花等都是运用了浮雕与镂空相结合的表现手段。先用剪、刻或抽纱等工艺的处理塑造出材料透空的形式，再将边缘的轮廓结构运用刺绣的方式进行锁边。这样就等于先得到了镂空的形式，后又通过在边缘轮廓刺绣的方式得到凸起的浮雕形式。上面提到的贴绣花是比较传统的造型方式，先把布或皮革等材料剪刻成各种花纹和图案贴在布上面，再经过锁边、缝缀等工艺形成具备浮雕肌理效果的全新装饰。浮雕与镂空相互融合运用的表现形式在晋朝就开始流行，这个时期人们将金箔纸剪刻成十种不同类型的植物果实（俗称"金十果"）并将其贴在鞋面上，"金十果"的轮廓边缘用颜色各异的丝线进行缀绣，这样就形成了浮雕与镂空相结合的肌理效果。现今松花江一带的古代居民，也擅长用不同的动物皮剪刻成镂空状的纹样图案贴绣在领口、袖口或前后胸等部位以达到美观装饰的目的。在古装电视剧《武媚娘传奇》中，这种浮雕与镂空相互融合的造型手段有很明确的应用体现，蒙古国木图太子一角的服饰造型选择了皮革材质，先将其剪刻成曲线状的镂空图形，后经过与底层材质的黏合附着塑造了胸前部位浮雕感肌理的装饰效果。

图 0-12 "减"的雕刻手法形成
的浮雕效果 设计师：刘颖

常规状态下，浮雕大多是做加法，用填充、附加等手段塑造凸起的肌理效果；镂空多数是做减法，用剪、切等手段表现凹进去的肌理效果。我们以表演服饰中经常用到的两种浮雕镂空形式——中国的浮雕形式刺绣和西方的镂空材质蕾丝为例：第一种中国的刺绣是通过绣花工艺在原型材料上面做加法设计，它实质是用加法"绣"的方法塑造出材料凸起的肌理效果；第二种西方的蕾丝是在织造过程中做了减的处理。在具体的织造时，有意识地打破常规经纬线紧密工整的正常排序，将所要表现的纹样或者图形留出空白，这样留出来的空白就形成了最终的镂空效果。浮雕的"加法"与镂空的"减法"促进了面料再造的多样化形式，最大化地丰富了服饰材料和服饰外观的肌理变化。不管是浮雕使用的"加法"还是镂空使用的"减法"，其造型手段都有非常多的相似与融合之处，甚至许多情况下，这种"加法"与"减法"的界限会被相互转化。比如通过雕刻的方式可以让一块完整的服装材料形成镂空通透的纹样造型，这实际是做了减法的处理。而当要塑造浮雕效果的肌理纹样时，就可以运用填充的手段来进行塑型，比如前面提到的话剧《秦王政》的服装案例，这实际是做了加法的处理。如果考虑将服装的材料替换成非常规的材料——泡沫的话，那通过雕刻的减法处理同样能够形成浮雕感的肌理。比如中戏服装展演中，刘颖同学以青铜为主题的服装作品就选择了泡沫作为服装的主体材料，通过雕刻的手段将泡沫材料塑造成想要呈现的青铜造型，这种具有强烈深浮雕形式的服装造型实则是通过雕刻的"减法"手段实现的（图 0-12）。另外，在一些艺术型的表演服饰中，经常会在镂空雕刻好的服装纹样边缘添加缘边来进行装饰，这实际是通过"加法"的手段对镂空纹样进行了强化。可见，浮雕的"加法"与镂空的"减法"在一定条件下可以灵活的转化。浮雕可以运用"减法"的方式去实现，镂空也可以运用"加法"的工艺得到强化。

　　综上，表演服饰造型中的浮雕与镂空虽然在表现形态、造型形式上有一定的区别，但是它们之间表现出的更多的是相互渗透与相互融合，浮雕与镂空的加减法手段以及它们之间的灵活转化，都极大地增强了它们之间的紧密联系。作为表演服饰中的两种重要造型方式，它们共同运用多样化灵活的工艺技法塑造服饰外观丰富的浮雕与镂空肌理效果，最终使得服饰作品呈现出极强的装饰美感与空间美感，同时又能最大化地传递出表演人物的性格化特征。这些共同的联系以及塑造出的独特肌理效果使得浮雕与镂空交汇融合成一对默契的拍档。随着不同艺术门类间的不断融合与发展，表演服饰中的浮雕与镂空也加速了彼此的相互渗透和相互融合。

第一章

服饰中浮雕与镂空的历史溯源

第一节　服饰中浮雕与镂空缘起的动因

一、实用功能

1. 固定服装

　　在现代表演服饰创作中，经常会利用服饰中的盘扣、束腰等服装配件与服装主体进行搭配组合，这些不同的服装配件自身就经常装饰有各种纹样图案或者呈现出形态各异的造型，当与服装主体结合后就表现出更强的空间层次装饰效果。但是，盘扣和束腰最初却是用于固定服装之用。比如传统服装中的束腰，开始的功能就是系扎固定衣物，同时帮助劳动人民弯腰时形成较好的托力，最大化地减轻疲劳感。传统服装中的衣带、盘扣和扣眼最初也有固定衣襟和衣物之用。衣带是传统服饰中固定衣物用的带子，它可以将宽松的服装收紧以便于人们的劳作行动。当服装前后或里外两根不同的带子相互盘结时，就可能形成一定的镂空花纹廓形，当这种镂空花纹廓形与服装主体结合后，又产生了灵活的浮雕层次肌理装饰效果。盘扣其实是现代纽扣的鼻祖，它是将硬质布条盘编成各种花样，盘编的不同手法使其自身就可能呈现出镂空的造型特征。发展到现在盘扣已经具有各种不同的造型形式，像蝴蝶扣、梅花扣、菊花扣、蜻蜓扣，等等。扣眼是纽扣的眼孔，它是伴随扣出现而诞生的，主要辅助各种不同的扣完成服装的固定。服装中的扣眼为了防止开线并增加其耐磨损的程度，往往在扣眼的周围做锁缝的工艺处理，这样就让扣眼的开口和添加的锁缝线形成微妙的镂空与浮雕形式相结合的效果，通过扣与扣眼的基础组合不但将服装很好的固定，同时也让整体衣着看上去更加利落干练。

可以发现，服装中的系带、盘扣、束腰等配件最初是作为基础的固定或束紧衣物之用。当满足了这些基本的实用性功能后，人们又通过不断调整它们的大小、形态、色彩等使其更富装饰美感。

2.加强服饰牢固性

在最初的传统生活化服饰中，人们使用的刺绣、缘饰、襟边等工艺手段有时候是出于加强服装牢固性的考虑。服饰的边缘部位如领口、衣襟、衣摆等处有时会使用较为柔软的棉、丝绸等材料。这些天然材质相对来说较为脆弱、不耐洗涤，在日常穿着中不耐磨损，极易形成毛边或者破损。出于耐穿牢固性的考虑，人们开始对这些不耐磨损的材料边缘进行绣、滚、镶等加法式的工艺处理，这样就形成了一定厚度的缘边，无意识下形成了一定的浮雕般效果，同时又对服装起到一定的保护作用。另外，服饰的某些接缝部位往往因为过多的外力拉扯而容易变形或者开线，于是人们也在这些接缝的地方添加一定的刺绣或者贴绣装饰，不但最大化地减少了缝合点的受力，更重要的是增加了缝合处的牢固度，使得服装更加经久耐穿。此外，传统劳动人民的服饰由于长期从事体力劳作经常出现磨损的状态，通过布料的拼接，既弥补了磨损部位的残缺，增强了服装的耐磨损程度，同时又最大化节省了资源，符合中华民族朴素和节俭的传统美德。

浮雕形式的加固效果除了在服装中有所体现以外，在传统的布鞋和钉鞋中也有很好的体现。传统的钉鞋一般都会在鞋底平面中钉入凸起的钉子，这样钉子与鞋底形成的凹凸不平的浮雕状肌理能够起到防滑的目的，同时金属钉子的材质属性又能够坚固鞋底和加强鞋底的耐磨度。传统的布鞋也会在鞋帮接缝处镶贴布片或者皮革，用浮凸形式的布片来加强鞋子耐磨度和牢固性。

总的来看，服饰中边缘部位的镶、滚、绣工艺、拼接材料的组合方式、钉鞋鞋底的金属钉、布鞋鞋帮的贴布或皮革镶贴，这些加法浮雕式的添加手段都最大化地加强了服饰的整体耐穿性和牢固度。

3. 行走劳作的考虑

有衣即有褶，中国传统服装擅长用褶，尤其是在人们日常的生活服装中褶的使用更为常见。我们从诸多出土文物、服装史料和影视作品的服饰中都可以发现对于褶的大量的运用。从表现效果来看，褶的造型方式可以使服饰材料形成浮雕感的肌理效果，丰富服饰的外观形式。虽然现代服饰创作中褶的装饰美化效果站在了首位，但是褶饰的最初出现却是出于人们行走劳作的考虑。传统服装中会添加大量的褶饰，尤其会在下装中添加大量褶的运用。这样不但可以加大人体腿部的活动空间，给人们的行走劳作带来极大的方便，同时在方便活动之余人们又把褶量数据化，用对称和谐的美学原则来处理褶子的宽窄及数量，加强褶的形式美感。像传统服装中的马面裙，对于褶子的数量及推算就有一套严谨的公式，褶的匀称布局不但可以起到很好的装饰美化效果，同时也给人们的行走劳作提供了极大方便。中国传统服饰中褶的运用可以说是最为成熟的肌理塑造方式，体现了古代劳动人民智慧的结晶，在美化服装的同时，又最大化地满足了人们的日常行走与劳作的需求。

4. 散热保暖的考虑

服饰的选择要考虑到季节和气温的问题，于是冬天的保暖和夏天的散热也成为服饰的重要功能。冬秋的温度低，除了选择一定厚度的材料作为服饰面料外，像传统服饰中领口、肩部等处通常进行贴绣和镶边的处理，在这些人体比较敏感的部位，用多层的面料进行叠加并形成一定的厚度，以此起到保暖御寒的作用；夏天为了更好地散热，在传统服饰中出现了镂空编织的服装，运用棉麻等材料混合编织呈现出镂空肌理，同时通过通透的造型特点来起到隔热散热的作用。另外还有传统的草编鞋，也充分利用了镂空的特性，最大化地保证了人们夏季在行走和劳作时的舒适性及透气性。

可见，最初服饰中出现的浮雕与镂空是在满足固定服装、加强服装牢固性、便于行走劳作、散热保暖等实用功能的基础上形成的。这些生活中常见的浮雕与镂空带来的实用性功能蕴含了劳动人民的聪明智慧，这也成为接下来浮雕与镂空被广泛应用的首要因素。

二、对美的追求

自人类文明出现，我们的先人就有了美的意识，原始社会时期人们就开始通过佩戴各种装饰物来美化自己的形象。在世界各地的出土文物中，我们都可以发现大量的带有浮雕或者镂空工艺的装饰物，这些形态各异的装饰物体现着世界各地的先人们对于美的最原始的追求。在中国传统服饰中，人们发现贴绣、缘边、襟边、镂空编织的服装及鞋子等除了具有加固、耐磨损、保暖散热等实用性功能之外，其作为服装主体的附加装饰或自身呈现的造型形态都可以产生浮雕或镂空的造型特点，这样就形成一定的装饰美感。如前面提到的褶皱裙装，在有利于活动的前提下，还可以通过褶量的多少来掩盖身材或者修饰体形，很好地满足了人们对于美的追求。基于这些，人们在满足实用功能的基础上，开始对贴绣进行图案的丰富，对缘边、襟边进行材料的更替，将服饰纹样面积扩大或者将缘饰材料工艺进行改良等。如传统的襟边装饰由最初的棉麻材料慢慢转变为织金绸缎甚至是皮毛等材料，同时根据不同的需求加大了服装中缘边的宽度，这样材料的更替及缘边宽度的扩大都大大提升了服装的装饰效果。人们对于美的追求快速提升了浮雕与镂空造型方式在服饰中的拓展与应用。接下来人们的头饰、身上的玉佩、鞋、帽甚至是香囊、手帕，等等，无不体现着考究的浮雕与镂空造型工艺及装饰形态。

三、心理及精神层面的需求

服饰不仅满足了人们基本的实用功能和对于美的追求，同时也是一种能够满足人们心理以及精神文化层面的物品。它不但能够很好地传达传统文化的内在寓意，同时也能够确切地反映出穿着者的身份地位与精神追求。

在中国传统社会以手工操作为主的年代，大多数的浮雕与镂空工艺都需要耗费大量的劳动力与时间，这种耗时耗力生产出的具备浮雕或镂空效果的"特殊"材料就显得格外珍贵。像刺绣、缂丝、浮雕镂空装饰的金银饰物等制作都需要耗费大量的时间与劳动力，这样经过精细工艺和漫长时间打磨成的繁复精致的浮雕镂空材料或者浮雕镂空饰物就被赋予金钱和地位的象征。强烈的造型特点、丰富的装饰效果及隐含的象征意蕴很快使得浮雕与镂空成为达官显贵们的专利用品，在那个注重门第、看重名望的年代，浮雕与镂空在服饰上的运用成为一种社会角色的外化，体现着人们的精神诉求及内心世界。

整体来看，服饰中的浮雕与镂空是在满足日常服饰的固定、加固、行走劳作、保暖散热等实用功能的前提下无意识间形成的。在此基础上，人们逐渐发现了浮雕与镂空隐藏在实用功能之外的美的特征。伴随着社会文明的进步和生产力的不断提高，人们的视角越来越多地转移到浮雕与镂空塑造的美的形式中来，并由此不断的发展和扩充浮雕镂空的造型工艺及装饰手段。与此同时，浮雕与镂空造型手段呈现出的繁复精致的图案及其隐含的丰富情感内蕴又大大满足了人们心理及精神层面的诉求。

第二节　中国传统服饰中浮雕与镂空的溯源及发展

　　中国服饰自起源之日起就将传统的文化思想沉淀于服饰之中。受儒家思想的熏陶与影响，中国传统文化一直秉承着含蓄内敛的原则，这种原则体现在服装上表现为保守的二维平面化的廓形及宽袍大袖的样式。在这种大的文化思想及保守宽大的服装形态需求下，人们把精力转移到面料织造、服装细节装饰和服饰配饰装饰上面。在面料织造方面，创造出了"承空视如雕镂之象"的缂丝丝织品，这种特殊透空丝织品的出现使得服装变得更加具有装饰性和观赏性。在服装装饰方面，运用颜色迥异的丝线绣制花、鸟、虫、草等各种纹样，大大提升了服装面料的肌理装饰效果。为了追求美感和方便人们的行走劳作，以打褶的方式进行裙装的制作，用丰富的褶皱来修饰人体的体态及增加腿部的活动空间。此外，为了加强服装的牢固性，在服装的袖口、领口、下摆等边缘处利用镶、滚、绣等工艺进行处理。这些早期的绣、镶、盘、滚以及褶裥等处理方法都使得服装表面形成了一定程度的浮凸效果，大大丰富了二维平面形制下服装的装饰效果。与此同时，其显现的凸起于基底面料的肌理效果又都成为浅浮雕形式的初级表现。此外，这些边缘化的细节装饰或者局部的面料再造处理表达效果都较为内敛含蓄，与中国传统文化观念秉承了一致的原则。

在传统的服饰配饰装饰方面，人们用长条线编结成花边带子用以作绶带和冠缨。《礼记·疏》曾载："组俱为绦，薄阔为组，似绳者为"，这些都是对这些编织形制的描写。从大量的案例中可以得出这样的结论：中国传统服饰中运用了大量的浮雕镂空造型手段和装饰方式。这些不同的装饰法则为表演服饰中浮雕与镂空的应用提供了大量的素材，我们在开展研究的同时也有必要深入了解各朝各代服饰中的浮雕与镂空不同的造型方式及装饰特点。

一、先秦时期

先秦包括夏、商、西周、春秋、战国等朝代，是我国奴隶社会发展的鼎盛时期。这一时期服饰的等级制度逐渐划分出来，穿着者不同的身份、地位其服饰装扮也各不相同。如代表王权的冕服上出现了精致的十二章纹样的刺绣装饰，通过日、月、星辰、群山、龙、华虫等不同的纹样来表达不同的寓意。日、月、星辰是来源于自然界的照射光源，象征着帝王的皇恩浩荡；群山则代表着稳重，象征着国家安定；龙是传说中的神兽，象征帝王能够应对各种国家要事；华虫则象征着帝王具有非凡的文采和智慧。除了十二章纹样代表的不同象征含义以外，在具体的十二章纹样绣制工艺中，能工巧匠们还创造性地将金银箔捻入线或者其他纤维材料中，用这样特质的绣线在织物表面上进行刺绣，形成更具色泽感的浮雕装饰效果。与十二章纹样形成的浮凸效果一致，这一时期还出现了具有浮凸装饰效果的贴绣花工艺。首先将布帛、缣帛、毛毡、皮革等剪刻成各种纹样图形贴在基底材料上，再通过锁边、缀缝等工艺形成质地朴实粗犷、色彩凝重大方的服装装饰效果。因为朴素、大方的装饰风格更加符合中国传统的文化思想，因此贴绣花的方式在这一时期很快得到盛行。直到现在，贴绣花的工艺方式仍然在中国的牧区和一部分汉族地区流行。在能够呈现浮雕效果的刺绣和贴绣花工艺盛行的同时，这一时期的部分地区还出现了镂空效果的皮革面料。湖北江陵曾经出土过战国时期的镂空皮革，服饰专家推断这块镂空皮革就是当时的服装材料。除了服装中使用的这些浮雕镂空造型手段和装饰材料外，这一时期的人们还有在面部粘贴面花的传统。贴面花与贴绣花的方式接近，只是贴的对象发生了变化。贴绣花是针对的整个服装主体，而贴面花则是针对人的面部这个局部。贴面花时，先将金属箔片、蝉翅、绸罗、鱼鳞等剪刻成星、月、花、鸟等纹样粘贴在脸部、额头等处，这样就在面部形成了一定的立体叠加层次，从而达到对面部美化装饰的目的。除此之外，这一时期人们的头饰中也出现了精致镂刻的华胜。在春天的祭祀活动中，人们佩戴这种用花草鱼虫装饰的镂空饰品来达到祈福避灾的目的。

总的来看，先秦时期服饰中的浮雕镂空已经逐渐成熟并得到了一定的发展。像刺绣、贴绣花、贴面花等服装的造型手段和装饰方式在材料、工艺上开始出现了多样性的特征并由此逐渐发展演变成服饰中成熟的装饰法则。自此之后的各朝各代也开始延续和传承这些具有丰富肌理效果和情感内蕴的经典的造型方式和装饰法则。

二、魏晋南北朝至唐朝时期

魏晋南北朝时期，服饰继续传承和延续之前的浮雕与镂空造型工艺和装饰法则。晋朝时，贴绣花的应用范围由原先的服装主体扩大到服装的配饰当中，比较有代表性的是这一时期的鞋子。受到服装中贴绣花形式的影响，人们开始在鞋面上贴绣"金十果"的纹样。"金十果"实际是一种包含十种不同植物果实造型的纹样，将剪刻后的"金十果"造型贴在缎面的鞋面上，以此增加鞋子表面的装饰效果。随着造纸术的发明，这一时期还出现了印染的工艺。利用镂空好的纸质模板作为印染的依据，然后将印染材料从镂空处直接印到面料上面形成图案。印染的出现进一步丰富了服饰材料的再造手段，虽然这种印染工艺并没有实际呈现出镂空的肌理效果，但是却借用了镂空的造型形式感，它的纹样以及留白的形式均表现出镂空图形的特征。另外，这一时期面部贴面花的方式进一步盛行。北朝民歌《木兰诗》中曾记载"当窗理云鬓，对镜贴花黄"，这里提到的贴花黄就是对贴面花形式的描述，由此

图 1-2-1　唐代绢衣彩绘木俑
新疆博物馆藏

我们也可以推断这一时期贴面花的形式已经广泛流行。

唐朝开始，中国加强了东西方文化的交流。西方文化开始对这一时期的服饰装饰方式产生一定的影响，服饰中的浮雕与镂空在这种影响下变得丰富多样起来。除了之前的刺绣工艺，服饰上还出现了挑、补、拼接等更加丰富的工艺手段。比如在人们日常穿着的襦、袄的领子、袖口等重点部位就运用织锦进行拼接处理，这样就大大增加了服饰面料的肌理装饰效果。此外，这一时期还出现了镂空效果的特殊织物——缂丝。缂丝的独特织法就是"通经回纬"，色与色之间通经断纬。依照设计纹样图案的需要，用不同的色线做纬线，往返于经纬之间的编织，这样的织法造就了缂丝呈现出轻微的镂空特点。另外，唐代时期面花的造型形态和装饰形式更为丰富多样。我们在出土的唐代木俑、唐三彩、绘画以及敦煌莫高窟等艺术作品中都能够看到各式花钿的纹样。这些各式纹样包含了具象的如牛角、扇面、桃子等造型，同时也包含了各式各样的抽象纹样（图 1-2-1，图 1-2-2见文前彩插）。

总的来看，魏晋南北朝至唐朝时期服饰中的浮雕与镂空装饰已经较之前有了更大的发展，印染工艺及缂丝丝织品开始出现，面花的造型形态及装饰方式也更为广泛流行。

三、宋朝至元朝时期

宋朝至元朝是中国封建社会民族融合进一步加强和封建经济继续发展的时期。在这种大的时代背景下，宋元时期的服饰沿袭了唐代服装的部分特点。但是由于受到理学思想的影响，这一时期的服饰更加趋于保守和严谨，服饰的"遮掩"功能加强。为了更好地体现保守、严谨与"遮掩"的目的和功能，服装主体运用大量的褶皱手段进行肌理的装饰。百姓服饰中的襦裙多用透明的细罗制作，这种细密褶饰用料多达十余米，打开后的轮廓类似一把巨大的扇子，极大地增强了服装的装饰效果。另外，在裙摆处用花鸟纹饰的材料进行拼接并且用金线镶边，这样也最大化地丰富了襦裙的肌理层次和纹样图案装饰效果。

此外，宋代时期刺绣、缂丝等工艺得到更迅速的发展，这些不同的工艺方式在各个民族生活服饰中的应用范围也进一步扩大。

总的来看，宋朝至元朝时期的服饰尽管受到理学思想影响深远，但是在保守严谨的基础上，服饰中的浮雕镂空装饰依然得到了迅速的发展。尤其是服装中的褶皱在这一时期的思想影响下逐渐走向了极致，创造了异常丰富的视觉装饰效果。

四、清朝

清朝时巩固和发展了经济，服饰中的浮雕与镂空的造型手段与装饰应用在这种大背景下也呈现出欣欣向荣的鼎盛局面。在传承的基础上，这一时期服饰中的浮雕与镂空还进行了一系列的改良，工艺更加多样丰富，装饰纹样更加精致繁复，从其应用范围以及技法工艺来看，都达到了炉火纯青的地步。

刺绣的工艺及呈现方式在清朝时已经发展得非常多样，在原有的刺绣基础上出现了盘金绣、垫绣、钉绣、珠绣等不同的形式。这些绣制形式相较之前，凸起效果更加明显，浮雕感更强。此外，这一时期的一些服饰会在衣领、袖口、裙摆或者是纹样图案的边缘处用珍珠、珊瑚或者流苏进行装饰，这样就使得装饰部位形成了一定的浮雕肌理效果。除了刺绣的发展及辅料装饰的添加应用外，褶的运用在清代也发展到极致。这一时期"马面裙"中褶的数量可以多至上百，将细密的褶子两头固定并将其放置在裙的两侧，同时在"马面裙"间镶边，在裙面和裙背装饰各种绣花的纹样。

"马面裙"褶的工艺非常繁复和考究，形成的造型效果也非常独特。与"马面裙"类似的还有"鱼鳞百褶裙"，同样是运用褶的方式来塑造服装的肌理，深受这一时期妇女们的喜爱。另外，服饰的缘边装饰在清代时也得到了很大的改良。

清代宫廷服饰大部分都会加镶边，尤其是冬季服饰多用毛皮作为边缘装饰。按照规定将貂皮或者海龙皮剪成二寸宽的皮条，镶嵌在服装的领口、袖口等边缘处。这种凸起于服饰边缘的装饰一般有两种形式：一种是翻皮毛边，它是指将毛皮直接镶嵌在衣边的面料上，露出大部分皮毛，这样就显得非常富贵华丽；另一种形式是出锋，它是将皮毛镶于皮里。镶边用的毛皮长出衣边1—3厘米，这样就使皮毛装饰露出于衣外，大大加强了服饰边缘的浮雕肌理效果，提升了服装的装饰美感。清朝的翻皮毛边和出锋是非常流行的宫廷服饰装饰方式，不过这种极具形式特点的装饰方法因为其最初在宫廷中的流传导致其具有很强的象征富贵及权势的意味。随着宫廷服饰文化的不断传播，民间百姓也逐渐使用这种装饰方法去美化和传递自己的情感诉求。此外，浮雕与镂空的造型工艺也渗透到这一时期的首饰中。最典型的应用案例莫过于雕刻有精致的吉祥寓意图案的甲套，作为附属装饰将其套在小指或无名指上，不但可以增加指甲的长度，同时又可以凸显佩戴者的尊贵地位。

总的来看，清朝服饰中的浮雕与镂空技艺已经发展得非常完善。刺绣发展出盘金绣、钉绣、珠绣等多种不同的技法；服装边缘装饰的材料选择更加多样、手法也更加大胆；首饰中浮雕镂空的造型工艺愈加精细等，服饰中的浮雕与镂空正在向多空间、大尺度的状态去发展和延伸。

五、民国

民国时，西方文化入侵，中国的传统服饰在此时也受到前所未有的影响。除了大量使用浮雕形式的刺绣、贴绣、珠绣等工艺以外，在服装辅料的应用上也发生了一些革新变化。

这一时期，西方列强将镂空织物带到了中国，并很快被国人运用到服饰的边缘各处作为细节装饰。镂空形式的花边被镶嵌在服饰轮廓边缘，形成了先镂空后浮雕以及浮雕与镂空相结合的形式，呈现出前所未有的艺术表现效果。同时，能够与服装结合产生浮凸效果的扣子在此时也出现了更加多样的材质形式。在之前玛瑙、玉石、金属等材质的基础上扩充出塑料或者用布包裹的形式，不断丰富的材质及与服装组合形成的肌理效果极大地丰富了人们的日常穿着，美化着人们的日常生活。

总的来说，因为西方文化的渗透，民国时期浮雕与镂空的应用更加的多元化，新的理念、新的思想已经影响了人们对于服饰中浮雕与镂空的主观应用。自此之后，服饰中的浮雕与镂空应用开始了全新的篇章。

第三节　西方传统服饰中浮雕与镂空的溯源及发展

　　西方传统服饰的发展，一直注重服饰的三维立体空间效果，这与中国传统服饰注重二维平面夸大的服装结构式样形成了截然不同的对比。上古时期，西方服饰就形成了浮雕肌理强烈的披挂式服装，这种服饰是将一条或几条很长的带子在一块整体的布料上缠绕束缚，从而使服装形成丰富的、多方向的自然褶皱，通过这种褶皱堆积的方式塑造服装的立体空间感。14 世纪开始，西方国家出现了装饰性很强的镂空织物，这种薄型网状透空织品因为织造工艺的特殊性显现出虚实变化、若隐若现的镂空效果。直至现在，始于西方的这种镂空织物仍然在世界服饰文化中占有一席之地。显然，西方服饰整体的发展呈现出更为灵活自由的趋势，服饰中的三维立体塑型效果给了浮雕与镂空更多发挥的舞台和空间。尽管这些大的趋势一致，但是由于政治、经济、战争等不同的因素导致浮雕与镂空在西方不同的历史阶段又有不同的表现。

一、古埃及时期

　　古埃及是西方国家中最早进入帝国时代的古国。这一时期的历史文化博大精深，绚丽多彩，对后世古希腊、古罗马等文明产生了极其深远的影响。古埃及的纺织技术已经非常成熟，服装的款式、等级分划已经基本确立，这些基本的服饰形制为西方服饰的发展奠定了基础。

这一时期，出现了以褶皱为主的披挂式服装，这种具有丰富褶皱的披挂式服制形式是西方服饰对于浮雕形式的初步运用。披挂服装的特点是将一整块面料放在人体的结构部位，同时用绳或针线固定并在人体身上进行缠绕造型，这样就因为绳或针线的固定收缩形成自然向下的悬垂褶皱。缠绕的方法和固定的方式不同，形成的褶皱效果也就有所不同。这一时期的男子服饰大多是用一整块亚麻布在腰上或肩部缠绕，使其形成自然褶皱。女子服饰则出现了较多造型上的变化，主要有以下几种：第一种与男子服饰的缠绕方式一致，在腰间缠布并把布的两头系起来，这样收紧的腰部位置就可以形成大量发散式的自然褶皱；第二种是在一整块布的一侧挖洞并用细绳或系带穿插其中，最终使其在人体腰部收紧，这样就利用绳的收拢在人体腰部形成许多细小的细褶；第三种是拿一整张布绕过人体腋下、前胸、肩部并最终将布的两端在人体胸前系起，这样就形成了各种相互交叉的褶皱造型。古埃及男女服饰的几种重要的形态几乎普及于这一时期的各个阶层，但是为了更好地体现穿着者的地位、身份等不同信息，对于褶皱的处理方式又有很大的不同。古埃及的皇室成员会利用高温定型或者浆糊浆化固定的方式让布料产生相对定型的细密直线型褶皱，通过这种固化褶皱的手段来表示穿着者的地位特权。不管是简单的披缠还是运用高温或浆化进行褶皱定型，这些通过材料褶皱处理体现出的立体层次和明暗效果为后期人们利用服饰材料进行半立体浮雕化处理提供了初步的模板。

浮雕造型方式不止体现在这一时期的服装上，在服装配饰中也有其大量的运用。这一时期的王室及贵族开始运用大量宝石、珍珠、金银等贵重饰品对服装主体进行装饰，从而在服装表面形成强烈的浮凸肌理效果，不但起到了很好的装饰效果，同时也能够传递服装隐含的权势地位的信息。此外，这一时期的首饰饰品也非常流行，最为突出的是戴在颈部的夸张的颈饰，我们从不同的史实记载和反映这一时期的影视资料中都可以发现首饰中浮雕与镂空装饰手段的大量运用。

　　总的来看，古埃及服装中褶的运用已经非常成熟，出现了自然的垂直褶皱、布料交缠产生的交错型褶皱以及通过高温定型、布料浆化等方式产生的固定型褶皱。同时，这一时期首饰制品大量流行并开始在服装中运用添加装饰物的手段塑造华美的装饰效果，体现穿着者的身份信息。这些基础的造型手段和装饰法则为接下来西方服饰中浮雕与镂空的应用做了很好的铺垫。

二、中世纪时期

　　中世纪时期的西方国家封建割据频繁，战争四处爆发，同时天主教对人们的思想形成极强的禁锢，这些都导致这一时期经济、科技发展止步不前。受这种大环境的影响，在较长的一段时期内，西方服饰的标配就是内衣加长袍或者是内衣、斗篷和披肩，男子服饰与女子服饰在大的外观形式上基本一致，因此这一时期也被称为宽衣文化时期。尽管种种客观因素使得服饰中的变化相对单调，但这一时期以拜占庭为首的东罗马帝国文化却较为昌盛，这也使得这一时期的服装出现了一抹春色。拜占庭帝国将中国传来的刺绣工艺运用到男女服简单款式的斗篷或者长袍上面，用金银线绣制各种纹样图案来增加服装的装饰效果。甚至有些服装的细节部分尝试用珍珠或者宝石进行装饰，然后再镶以珍贵的毛皮，这也给"黑暗"的中世纪服装增添了相对丰富的装饰效果。逐渐，人们开始延续之前的褶皱装饰艺术，服装中出现了许多纵向的细褶装饰，同时精美的刺绣也开始由外袍、斗篷中的装饰转向服装的领口、袖口等处。

　　到了中世纪后期，受到哥特风建筑形态的影响，服饰在外观形态上也发展到极致。服装廓形呈现出高耸的尖塔式样，浮凸于服饰表面的装饰极具夸张感，这些为之后西方服饰造型中出现的更为夸张的形式埋下了伏笔。除此之外，这一时期人们也开始重新注重首饰及服装配饰的装饰。手镯、戒指，男子时兴的手杖，女子手拿的扇子甚至是人们随身佩戴的小镜子，其上也开始了浮雕与镂空的造型工艺和装饰方式。

总的来看，中世纪服饰中浮雕与镂空的运用虽然受到大环境的限制，但是依然在限制中寻得了突破和发展。尤其到了中世纪后期，哥特式建筑风格的出现促成了服饰外观夸张的造型形态和服饰表面的强烈的浮凸肌理装饰风格，这些略显戏剧性的造型形态为接下来西欧近世纪服饰中浮雕与镂空的极致运用做了前提铺垫。

三、近世纪时期

西欧的近世纪是指从文艺复兴至路易王朝结束这一段历史，它包含了三个主要时期：文艺复兴时期、巴洛克时期以及洛可可时期。整体上来看，这三段不同历史时期的服饰都特别注重男女服饰的性别强调，这与中世纪的宽衣文化形成了截然不同的风格。男服中注重上半身体积的塑造及装饰，女服中则注重下半身体积的塑造及装饰。在女服的塑造中大量使用藤条、鱼骨或其他具有塑型能力的材料进行服饰内轮廓的编织塑型，同时服饰外轮廓与局部细节也使用各种丰富的材料与多样化的手段进行装饰。这段时期的服饰中出现了蓬蓬袖、胸部褶裥、各式裙撑、蕾丝材料、高耸的假发，等等，各种服饰材质、服饰造型形态以及服装工艺方法，大大丰富了服饰的外观轮廓与表现层次，成就了服饰中浮雕与镂空装饰的极致表现。

文艺复兴时期，刺绣工艺在服饰中被大量运用，服装的主要部分、发饰、配饰甚至是人们穿的内衣都出现了刺绣的运用。除了刺绣这种具有浮雕感的造型手段外，这一时期还出现了更加具有立体浮凸效果的切口装饰。这种当时非常流行的切口装饰是在服装上剪成有规律的开口，在开口处嵌入其他面料或者直接显露出里面异色的内衣，通过这样的处理使服饰的局部造型更具浮凸立体空间感。到了巴洛克与洛可可时期，服饰中浮雕与镂空的装饰更是繁盛，除了大量使用蕾丝、刺绣、纽扣、褶皱等装饰手段外，服装以及发饰上还出现了大量的缎带、羽毛、花边、蝴蝶结等各种形态的装饰形式，这些附加的装饰让服装形成了层层叠叠的层次空间效果。像蕾丝这种本就具有镂空风貌的材料，被经过多层的堆叠或者多层的打褶处理加在袖口、领口、衣摆等处，为服饰增添了更为强烈的立体装饰效果。此外，这段时间女服中出现了用藤条、鱼骨等支撑物编织塑型的各式裙撑，通过立体的镂空形态让服装下半身体积变得异常庞大，夸张地将女性的身体特征强调出来，这种对比强烈的服装形态也让这一时期的服饰成为西欧服饰史中最为浓墨重彩的一笔。

　　总的来看，西欧近世纪的三个不同历史时期，将服饰中浮雕与镂空的运用推向了极致。不同的浮雕镂空手段、不同的浮雕镂空材料以及不同的浮雕镂空装饰方法在这一时期被创造和发现。直至今日，这个阶段的许多经典浮雕镂空装饰法则仍然被设计师大量采用，并且成为极其典型的经典造型方式。

第四节　中西服饰中典型的浮雕与镂空代表形式

　　表演服饰设计中经常会用到两种经典的浮雕与镂空造型方式：一种是中国传统的刺绣工艺；另一种是西方传统的镂空蕾丝材料。这两者代表了中西方运用浮雕与镂空造型方式的极致与繁盛。刺绣与蕾丝是中西地域差异性的存在而衍生出的两种截然不同的服饰装饰形态，刺绣通过细密有秩序的量感堆积形成厚重感的浮雕形式；蕾丝通过特有的编织技巧呈现出通透的镂空效果。这两种形式其实是"相似的形式，相反的表达"。它们两者都在整个世界服饰造型史中占据了举足轻重的地位，对现今表演服饰的创作也起着重要的指向与引导作用。

一、中国浮雕形式代表——刺绣

1. 刺绣工艺在中国的历史沿革与发展

　　据史料记载，刺绣的出现可以追溯到原始社会时期，这一时期的人们开始用线穿透服装进行装饰促成了绣的装饰手法的诞生。发展到秦汉时期，中国的各个地区已经开始广泛流行刺绣的装饰，但是刺绣因工艺织造的繁复及价格的昂贵仍然是达官显贵们服装的专属装饰。隋唐时，刺绣的工艺已经开始普及，普通百姓家的女子从小就开始学习刺绣的技艺，这就使得

图1-4-1 《牡丹锦鲤》 双面异色
现代蜀绣，中国丝绸博物馆藏

图1-4-2 《仙人掌》 苏绣，中国
丝绸博物馆藏

刺绣在社会各个阶层中普及开来。除了人们日常的服装、枕头、荷包、鞋垫、靴子等生活用品都开始运用刺绣的工艺进行装饰。到了明清时期，百姓的生活已经离不开刺绣的装饰。士官、庶民都崇尚服饰绣花。相较于画上去的装饰，刺绣的效果更加厚重饱满，更容易强调出服饰的装饰性和空间立体性。纵观中国整个历史，几乎各朝各代帝王将相及达官显贵们的服饰都采用刺绣工艺装饰。我们从各类古代题材的表演剧目可以看到，大多数服饰都饰有考究且精美的刺绣纹样，而且不同时期、不同地域刺绣的工艺技法和装饰法则又大有不同。

发展到今天，刺绣的种类与样式已经十分丰富，刺绣工艺与种类的差异性使刺绣呈现出多变的造型形态。在中国民间出现了许多地方名绣，如苏绣、粤绣、湘绣以及蜀绣等。蜀绣在晋代时被称为蜀中之宝，主要集中在四川省。它的主要原料是软缎和彩丝，题材多为花鸟、山水、虫鱼、人物等，用百余种不同的针法如晕针、拉针、切针等进行不同图案的绣制。也正因为这些繁多的刺绣针法及丰富的绣制题材使蜀绣形成了浓郁的地方风格（图1-4-1）。

苏绣的历史距今已经有两千多年，它自诞生之时就带着精细、素雅的特点。苏绣的构图一般都较为简练、重点突出表现对象，整体的工艺呈现出"平、齐、细、密、匀、顺、和、光"的特点。苏绣中最大的特色就是双面绣的工艺，它是在材料的正反面绣制图案，针法可以各不相同，针脚又可以藏而不露，

图 1-4-3 清末湘绣桌围 中国丝绸博物馆藏

图 1-4-4 清光绪雪青缎地广绣百鸟朝凤纹紧身料 故宫博物院藏

最终使得表现材料呈现出正反都是画的奇妙效果。为了更好地研究和传承苏绣的技艺，苏州在 20 世纪 60 年代还成立了专门研究苏绣的刺绣研究所，这为中国传统文化的传承做出了积极的贡献，也促进了苏绣在服饰设计中的应用及推广（图 1-4-2）。

湘绣是湖南地区的主要手绣工艺，它是在湖南民间刺绣的基础上，吸收苏绣的部分特点发展起来的。湘绣的主要特点是多以国画为题材，用丝绒线进行刺绣，构图上美观大方、色彩配色丰富鲜艳（图 1-4-3）。

粤绣是广州刺绣和潮州刺绣的总称，在唐代时就已经发展得十分成熟。在现存的历史文物中，以故宫的粤绣藏品最具代表性。粤绣汲取了绘画和剪纸等多种民间艺术的优势，整体构图饱满，注重浓郁的色彩搭配和塑造丰富的光影变化，题材多以百鸟朝凤、龙、凤、牡丹、孔雀等传统纹样居多（图 1-4-4）。粤绣的绣线使用非常丰富，最有特点的是金线的使用，利用金线刺绣来强调图案整体的轮廓边缘，这样就在原本已经具备浮雕效果的纹样之上形成更高层次的肌理装饰。此外，粤绣在绣制过程中还经常使用钉金绣的绣制方式，通过加衬填充浮垫让纹样图案更加立体，使绣制后的浮雕效果更加强烈。这种钉金绣的绣制方法因其呈现的强烈浮雕视觉效果在表演服饰设计中尤其适用。

时至今日，具有浮凸肌理效果的刺绣工艺已经成为一门庞大的学科。运用多样的绣线材料和工艺手段、营造不同的视觉表现效果等成为现代刺绣艺术的主要特点。设计师在进行表演服饰设计时，可以根据客观的需要对刺绣所用材料、工艺进行灵活的选择与调整，充分传承与弘扬中国传统的刺绣文化。

2. 刺绣工艺在西方的发展及运用

刺绣工艺在中国发展形成体系后，通过贸易传到了西方，并一度风行于皇室贵族等上流社交圈中。西方人对于刺绣产品的热衷和追捧极大地促进了刺绣工艺在欧洲的发展。17 世纪初期，法国为了推广刺绣的装饰工艺专门创建了传授刺绣技艺的刺绣协会，这使得刺绣技艺在社会各个阶层得到了广泛的传播和普及。上流社会的女性甚至把学习刺绣工艺当作她们的必修课程，普通的家庭妇女也利用刺绣技术来装饰生活中的一切物件。被称作时装偶像的国王路易十四更是热衷于服饰品的刺绣装饰，他尽一切可能去宣传和推广让他着迷的刺绣工艺。我们在大量的有关路易十四的画作中，都可以看到身着华丽刺绣服饰的路易十四的形象。在路易十五时期，他的宠妃也非常擅长各种服饰及工艺品的绣制，其作品很快成为宫廷贵族及普通百姓竞相模仿的艺术品，这也加速了刺绣工艺在西方的发展与繁盛。直至今天，刺绣工艺仍然在西方国家扮演着重要角色，成为服饰设计中长盛不衰的造型方式。

二、西方镂空形式代表——蕾丝

镂空形式的蕾丝织物起源于西欧国家，其特殊的织造工艺使其显现出虚实变化、若隐若现的镂空效果。在最初的织造过程中，蕾丝基本全部依靠手工制作完成，工艺非常繁复且需要耗费大量的劳动力和时间，这就导致了蕾丝昂贵的价格并使其只能成为上流社会的专属。这些织造方式、造型形态的不同特点使蕾丝具备了奢华、精致、浪漫、性感的情感特质，也使其成为西欧服饰史上最为经典的服饰材料之一。

1. 蕾丝织物在西方的历史沿革与发展

众所周知，蕾丝隶属于西方。它是英文"Lace"的音译。《织物词典》这样解释："蕾丝是指呈现出各种花纹图案起装饰作用的薄型网状透空织品。"蕾丝材质的出现在西方服饰造型史上占有举足轻重的地位。据资料记录蕾丝起源于 14、15 世纪，在 15 世纪哥特时代的一幅油画上，人们发现了一位贵妇人衣着上有着精细的蕾丝描绘，这是最早的关于蕾丝的绘画记录。蕾丝研究专家也对此进行调查考证，蕾丝早期的花纹图案的确与哥特风有着千丝万缕的联系。"还有一种小众说法，称蕾丝发源于修道院修女手中，修女们将这种编织技法当作谋生手段。"[1]"比较正统的说法则称佛兰德斯的贵族女性发明了蕾丝。"[2] 历史上的佛兰德斯是欧洲纺织业的重要地方，当地的贵族妇女们在原有纺织品的基础上不断完善，促进了蕾丝材料的形成。不论是哪种起源的版本，在蕾丝的发展初期，较多的采用亚麻线、丝绸、金银线等来制作，而且制作成型的蕾丝形态比较窄长，主要作为镶边装饰用在服饰的领口、袖口等处。到了 16 世纪，服饰中大量的使用辅料进行装饰，蕾丝材料被运用到人们的服饰及生活用品上。但是这一时期的蕾丝因为制作工艺的繁复和制作耗费的大量的时间依旧未能在社会各个阶层普及，它仍然是专供贵族阶层享用的奢侈点缀品。此时的皇室贵族，流行用蕾丝制作的拉夫领的领部装饰，女王伊丽莎白一世（Elizabeth I）甚至将这种夸张的蕾丝拉夫领当成彰显身份的一种符号暗示（图 1-4-5，见文前彩插）。用来制作拉夫领的蕾丝首先要通过浆化的形式让其变硬，然后在双层的蕾丝夹层中添

---

① 李昕：《蕾丝·欲望和女权》，商务印书馆 2013 年版，第 7 页。

② 同上。

图 1-4-6 《63 岁时着加冕服的路易十四全身像》中布满领口、袖口的蕾丝装饰　亚森特·里戈作

加金属丝的支撑使其塑型效果更好。通过浆化、金属支撑物的塑型处理后，镂空的蕾丝就可以被塑造成高耸在领口的夸张造型。这种蕾丝拉夫领根据其蕾丝材质的华丽程度、领子的高度及直径大小都可以显示穿着者财富与地位的等级之分。除了领子上运用蕾丝的装饰，这一时期贵族的服装、配饰甚至是内衣、睡衣、睡帽等也大量使用蕾丝面料进行装饰。17 世纪的巴洛克时期，两位女性——凯瑟琳·德·美第奇（Catherine De Medicis）以及玛丽·德·美第奇（Marie De Medicis）对蕾丝织物的推广和发展起到了非常重要的作用。凯瑟琳·德·美第奇是法国国王亨利二世的王后，她对芭蕾舞蹈尤其热爱，为了更好地呈现舞蹈表演效果，她在芭蕾舞服中运用蕾丝进行装饰，这种尝试促成了蕾丝在表演服中的应用及普及。另一位女性玛丽·德·美第奇是法国国王亨利四世的王后，她也是蕾丝终极的爱好者和收藏家。当她从母国意大利出嫁时，就带走了大量精致的蕾丝藏品，这些珍贵的蕾丝藏品很快让法国人认识了蕾丝的独特魅力，并很快在上流社会流行。全世界时髦的时尚偶像——"太阳王"路易十四（Louis XIV）执政时期，大力发展蕾丝制造业，并将制作蕾丝的手工技艺在全国进行推广。路易十四自身也对时尚装饰有着很高的要求，在其着装的袖口、领口等处都装饰着大

量的蕾丝花边（图1-4-6）。17世纪40年代开始，路易十四开始下令在本国制造蕾丝，在其大力维护和推广下，当时法国阿朗松生产的蕾丝工艺越来越高并逐渐享誉世界。直到今天，阿朗松蕾丝依旧是世界顶级蕾丝的代表。18世纪的洛可可时代，路易十五的情妇蓬巴杜夫人（Madame De Pompadou）将各种形态、各种质地、颜色各异的不同蕾丝加在同一件服饰上面，形成了"蓬巴杜夫人式"裙装，这将蕾丝在服装中的运用推向了极致。同时也导致法国上下都以蓬巴杜夫人马首是瞻，并纷纷效仿穿着这种方式装饰的蕾丝服装。19世纪后，工业革命到来，蕾丝的生产技术由手工织造慢慢转化为机器生产，随之蕾丝的应用也在全世界普及开来。20世纪20年代开始，好莱坞的电影屏幕上开始出现了蕾丝的服装。

获得过8次奥斯卡最佳服装设计奖的服饰设计师伊迪丝·海德（Edith Head）[1]在表现浪漫主题的爱情电影中，就经常运用蕾丝去呈现，用蕾丝朦胧、浪漫的材质特点去烘托电影的主题。另外一名著名电影服饰设计师海伦·罗斯（Helen Rose）[2]也经常在自己担当设计的电影造型中频繁地使用蕾丝。她在1956年时曾给摩纳哥王妃——格蕾丝·凯利（Grace Kelly）设计了蕾丝制作的婚纱。这件婚纱是她带领36名裁缝奋战6个星期完成的，耗费了25码丝绸以及大量的蕾丝和珍珠。也正因为这些使得这件蕾丝婚纱成为格蕾丝王妃改变身份的一个具有象征意义的符号（图1-4-7见文前彩插）。

2. 蕾丝织物在中国的发展及运用

蕾丝的镂空造型所表现出的暴露、性感等特征与中国传统文化相对保守的思想大相径庭，因此蕾丝材质在国内的应用与发展相对较为滞后，蕾丝起初在服装中的装饰法则也多是局部的小面积应用。随着经济的发展，中西文

---

① 伊迪丝·海德（Edith Head，1897—1981），好莱坞服装设计师，一生获34次奖项提名，夺下8个奥斯卡奖。

② 海伦·罗斯（Helen Rose，1904—1985），美国服装设计师，凭借黑白片《伤心泪尽话当年》（*I'll Cry Tomorrow*）获得第27届奥斯卡最佳服装设计奖。

化不断交融，蕾丝在中国的运用也逐渐走上大胆的试验和探索的道路。

清代末年，西方的外来文化随着列强的不断入侵来到中国的领地，镂空形式的蕾丝制作工艺也由此时被传到中国的沿海地区。19 世纪末年，西方列强在广州设立了生产蕾丝的工厂，利用此时中国的廉价劳动力生产大量的蕾丝进行出口。紧接着，英国传教士在山东沿海城市烟台成立了专门的学校来传授蕾丝的制作工艺。从这时起，蕾丝这种西方传统手工艺在中国沿海地区传播开来，并随之在民间流传。

20 世纪 30 年代，蕾丝的应用已经逐渐渗透到人们生活的方方面面，但是由于受到传统思想的影响，这一时期的蕾丝在服饰中的应用仅仅是作为局部小面积的点缀装饰。最有代表性的是人们用蕾丝花边装饰旗袍的边缘，这种装饰方式既能保留蕾丝透空的造型特征，又可以显露出内层旗袍的风貌，使得旗袍更加具有装饰性。这种兼具时尚感和现代感的装饰方式很快演变成当时社会的一种时尚。《申报》就曾对这一时期的大明星——蕾丝进行过专门的报道："花边与刺绣系相依为用之品，如妇女帽边刺绣后镶以花边，袍衫之领袖，胸前及裙裤下端刺绣后亦镶以花边，各种之杯盘垫枕衣亦有于刺绣后镶以花边者。"从这篇报道可以看出当时的刺绣与蕾丝都非常流行普及，人们的帽子、服装领口、袖口、胸前、裙裤等都用刺绣和蕾丝进行装饰，甚至是人们的家居和生活用品也用刺绣和蕾丝的方式共同装饰。

1934 年《经济旬刊》经济要闻中记载："国际贸易局查的时髦妇女用以限服装四端之花边，总核本年六个月进口，折合国币五十七万七千九百六十二元，较之去年亦有显著之激增，以一服装点缀之微，半年近六十万，亦足使人神往云。"这段文字记载了这一时期人们对于蕾丝花边的巨大花销，其实也从侧面反映了蕾丝在人们生活中的受欢迎程度。中华人民共和国成立后，中国经济得到飞速发展，在政府的大力扶植下，镂空蕾丝的织造也成为一种新型的产业在中国普及。发展到今天，蕾丝织物已经成为我国出口的主要材料之一，它为传播中国传统手工艺文化发挥了举足轻重的作用。但是由于传统工艺以及文化差异的原因，镂空蕾丝在中国劳动人民手中几经演绎变化，所运用的制作工艺与呈现的镂空效果都大相径庭。尽管蕾丝在中国的运用及发展并非一帆风顺，不同阶段都有不同的造型工艺和造型特点，但是这些不同时期的不同特点为表演服饰中镂空方式的运用提供了很好的素材。

　　总的来说，表演服饰造型中浮雕感的刺绣工艺与镂空感的蕾丝材料是经常被设计师拿来大做文章的两种典型工艺和材料。刺绣隶属于中国，已经有上千年的悠久历史传统，通过细致精密的经纬线绣制，呈现出饱满含蓄的具有浮雕样式的肌理外观；蕾丝则是舶来于西方，它是造型上类似于刺绣的另外一种形态，与刺绣刚好相反呈现出暴露性感的镂空的特性。刺绣与蕾丝，一种是典型的含蓄东方美学表现形式，另一种则是奔放外化的西方审美情趣。它们具备的这两种不同的性格特点形成了鲜明对比，它们在外观造型上表现出的浮雕与镂空的形式也对表演服饰造型设计的发展起着现实的指导意义。

第五节　中西方服饰中运用浮雕与镂空的异同

一、文化背景与装饰手法的差异

　　中国自古受到儒家与道家精神的影响，形成了含蓄内敛的审美观念。儒家思想注重礼仪与规范，主张不能破坏社会阶层的和谐、融洽和次序；道家思想则推崇隐忍、厚重的民族性格。这些精神思想反映到服饰上面，表现为在规范的二维平面上去体现肌理塑造，注重局部点缀来增加服装的装饰美感。服装的形制基本是规矩的宽袍大袖，在此之上添加刺绣工艺或者含蓄内敛的"镶、滚、贴"等装饰工艺。我们从孔子的"君子不可以不饰，不饰无貌，不貌无敬，不敬无礼，无礼不立"的话语中我们也可以解读出中国服饰的美感是通过极强的装饰主义来完成的。这种极强的装饰主义在服装上表现为通过各种造型工艺对原始面料进行叠加，以此增加原始面料的装饰感和服装整体的厚重感。纵观中国传统服饰的发展历史，可以发现任何一个朝代都不厌其烦地使用绣、镶、嵌、滚、盘等工艺去强调突显服饰的肌理效果，这种添加式的工艺手段处处透露出中国服饰文化含蓄内敛的本质。

西方文化向来表现为对人性的尊重和对自由的向往。在这种特定的文化背景和审美思想影响下，西方服饰更加注重对于人体的表达。通过服装的结构去突出人体的线条美感，用曲线以及立体的表现方式营造自由、轻松的形态，注重立体造型效果和镂空的面料运用，大量使用填充的垫肩、胸垫、臀垫以及裙撑等来强调立体造型效果。在对人体进行立体塑型的基础上，又添加大量的刺绣、蕾丝、珠宝等来强化服饰外观的装饰效果。总的来说，西方的服饰在其精神思想的影响下，浮雕与镂空装饰手段呈现出华丽富贵、繁复厚重的造型特点，体现着西方服饰文化奔放自由的特质。

二、符号表征的一致性

中西文化背景的差异导致中西传统服饰中浮雕与镂空产生了截然不同的装饰风格。尽管如此，浮雕与镂空作为服装中典型的造型手段，都表现出各自特有的符号表征意义。随着世界文化的不断融合，中西方文化相互影响，服饰中浮雕与镂空的符号表征性表现出越来越多的一致性。比如传统服饰中中国的刺绣与西方的蕾丝，它们都因为其制作工艺的繁复以及耗费的大量时间导致其价格极其昂贵，在那时已经成了一种财富和权势的象征，因此反映在那个年代的服饰上就代表了穿着者的权势和地位。隶属于西方的舶来品蕾丝，因为特殊的织造工艺呈现出暴露性感的特征，随着中西文化的不断渗透，蕾丝的这种特性也逐渐被人们认同。不难发现，浮雕与镂空在服饰中的运用具有符号表征的一致性。

　　中国数千年的封建等级制度，使服饰慢慢形成了等级化之分。不同阶级、不同身份的人所穿着的服饰不尽相同，这些不同在服饰的浮雕与镂空造型方式上也充分地体现出来。在中国传统服饰中，只有古代帝王的冕服才可以绣制十二章的纹样，用十二种不同刺绣纹样来凸显其尊贵的身份地位；宋金时期通过绣制不同的花型大小来区分官阶；明清时期又通过在补子上绣制不同的纹样来区分官阶。此外，帝王、大臣们的宽袍大袖以及名门闺秀的曳地长裙，附属于这些服饰的精美的刺绣纹样、镶贴在缘边的金银线以及缝缀在服装上的名贵珍珠、玉石等，这些纹样、工艺的精细程度以及装饰辅料使用的多少都能够清晰地反映出穿着者的财富多寡与地位权势，而这些繁复的装饰工艺和体现方式都不是当时的平民阶级所能拥有的。

　　在西方服饰中，浮雕与镂空的造型方式与中国服饰中的体现一样，具有明显的符号表征性。在古罗马时期，帝王一般都会穿着巨大的具有褶皱量感的托加，这种极有浮雕感的褶皱形成了一定的力量感，象征着国王至高无上的权利。在文艺复兴时期以及之后流行的镂空蕾丝面料，也因为其工艺的繁复、造价的昂贵等自然属性代表了显赫的地位与财富。那时有社会地位的上流女性至少要穿着三件以上的衬裙，并且利用夸张的裙撑和臀垫来撑起裙子，裙撑的体积越大，装饰越丰富，其身份地位越高。同时通过局部的立体塑型和大量的堆积褶饰、蕾丝花边、绣带结、珠宝等装饰服装，带给人们巨大的心理满足感以及荣耀感。

　　不难发现，无论是中国还是西方，传统服饰中浮雕与镂空的造型方式都与夸张、繁复、奢华联系在一起，都表征着人们的权威、财力以及社会地位。浮雕与镂空造型方式这种代表权威、财力的符号性表征方式都是一致的。

第二章

表演服饰中浮雕与镂空的艺术特征及应用意义

第一节   表演服饰中浮雕与镂空的艺术特征

一、空间性

《辞海》对空间一词的解释为："空间"一词起源于哲学领域，是指"运动着的物质存在的延伸性"。后来，"空间"一词又在其他不同的领域延伸出新的含义和应用。20世纪以后，空间的概念和内容多出现在雕塑艺术当中，成为雕塑创作的主要艺术特征。在雕塑艺术创作中，雕塑家一般会采用各种不同的材质，如泥、石、木、铁、铜等，采用浮雕、镂空等各种造型方式来塑造艺术形态，表达艺术家的主观感受，这样最终的作品会呈现出多维的立体空间性。而表演服饰造型中的浮雕与镂空直接受到雕塑风格的影响与渗透，甚至与雕塑艺术一样有着相同的创作方式。

通过材料这一媒介，运用各种不同的服饰材料，如棉、麻、绸，甚至是一些非常规的材料，如纸、EVA、泡沫等，对服饰进行"雕塑"般的创作，通过各种巧妙的结构设计或者是服装内部填充材料以及服装表面附加装饰的添加使得人体上形成繁复、精致、富有层次变化的雕塑般廓形。著名设计师桑德拉·贝克兰（Sandra Baekeland）也曾说过自己在进行服饰设计的时候更像是一个雕塑家，运用不同的造型方式将服饰材料改造成想要的形式。由此可见，服饰创作的过程实际是对服饰外观进行的雕塑创作，尤其是服饰中的浮雕与镂空甚至是直接借鉴了雕塑中浮雕与镂空的创作手法，因此它们都在最终的表现形态上呈现出一致的空间性的特征。

与雕塑一样，表演服饰中浮雕与镂空的运用是对服饰内外的空间塑造，这种立体的实体空间塑造为服饰外观注入了深浅、高低的起伏变化。同时，表演光影的加入让浮雕镂空的服饰造型产生了虚实变幻的虚拟空间感。此外、深浅、高低、虚实结合的服饰外观又极大地刺激着观众的想象空间。

1. 实体空间感

表演服饰中的浮雕与镂空造型方式实际是运用各种服饰材料通过各种造型手段对服饰进行内外空间的塑型与修饰。内部空间的立体塑造制约着服饰的外空间廓形，服饰材料的肌理变化以及附加装饰的添加使得服饰的外轮廓形态得以最终确定。这两者相辅相成使得服饰外观形成三维立体空间的形式美感。

服饰内部空间的填充塑型表现出的实体空间感

服饰的外轮廓之内，是服饰的内部空间。它是外轮廓与人体之间的空间形态，往往通过各类支撑或填充等手段来完成塑造，对服饰外部形态起着制约的作用，也是使得服饰呈现出浮雕般廓形的基础。经过实体材料的填充塑型，内轮廓在外观视觉及触觉上表现出强烈的实体空间感。

对于服饰内部空间的塑造可以追溯到中世纪的欧洲。中世纪晚期的服装受到哥特式建筑风格的影响，整体上呈现出极其夸张的造型形式。这个时期的服装完全以人体为基础进行塑造，用单一的材料在人体上做立体的造型，强调人体曲线或者向外扩张的造型，注重强调服装空间感的塑造。为了表现这种造型夸张的服装形态，这一时期的服装造型出现了立体裁剪的形式，把整个人体当作一个整体，在这之上运用各种雕塑的手法对材料进行裁剪、拼合，对于一些起伏较大的形态结构甚至会尝试支撑或填充的手法。这种类似于雕塑创作的裁剪方式，使得服装的空间造型更加容易调整和修改，更容易兼顾人体不同局部的造型形态。同时也最大化地保证了人体活动的舒适性空间，凸显了服装外观的实体空间效果。

文艺复兴时期开始，人们更加尊重和推崇个性解放，认为服装不应该是简单单一的几种模式，而是应该像建筑或雕塑一样，大胆地进行空间的塑造。于是 16 世纪的西班牙贵族女性中最先出现了镂空形态的裙撑——"法勒盖尔"，这种形态的裙撑极其夸张，将女性下半身体积放大了数倍。18 世纪洛可可时期又出现了"巴尼尔裙撑"。这些裙撑都是使用鲸骨、藤条或者钢圈做轮骨，编织形成镂空状的钟型、扁圆型、笼型、马鞍型等巨大造型。这种通过镂空编织呈现出的立体造型使得服饰呈现出极致夸张的实体空间感。我们在许多影视作品中都可以找到这种极具空间感的夸张化造型。如电影《白雪公主之魔镜魔镜》中，王后的紧身胸衣及裙撑造型即通过藤条的编织组合塑造出饱满的内部空间感。参加宴会的场景中，许多角色的服饰造型也运用了同样的编织支撑的方式塑造出夸张的内空间体积感。除此之外，影片的一些服饰还通过填充的方式对服饰局部进行夸张放大，形成一定体量的空间感，让画面充满了视觉冲击效果。

服饰外部空间的肌理塑造及附加装饰表现出的实体空间感

服饰外部空间是指服饰的外廓形、服饰表面的肌理结构及添加附加装饰后形成的服饰外观形态，是视觉所能感受到的服装与非服装区域的交界边缘线。对于服饰外部空间的塑造使得服饰最终呈现出复杂多变的外观形态，同时形成独特的外部空间占有，引发人们对服饰外部空间的延续部分及服饰内部空间的隐含部分的猜想。

前面提到过，西方传统服饰中对于内部空间的塑造有其独特的文化背景及造型方式。与之相较，中国也因特定的文化背景形成了注重服饰外部空间塑造的造型方式。与西方追求的奔放自由不同，中国传统的文化思想偏向于保守和封闭，传统服饰深受这种思想的影响，多采用二维平面的样式进行服装的制作。尽管二维平面的造型方式不能像西方注重内轮廓的空间塑造一样突出人体的体型，但是这样的造型方式却给服装的纹样和肌理的创作提供了多样化的可能。褶皱、刺绣、镶、滚、编织等不同形式的浮雕及镂空装饰手段即是在这种规范下被创造出来。如宋代的襦裙、明代的凤尾裙、清代的马面裙都是在裙的外部材料上进行打褶的装饰；中国历代帝王将相的服饰则在服装表面进行不同官阶纹样图案的绣制；清代的十八镶，则在袄、裙、衫的领口、前襟、下摆、袖口等处进行镶边或者滚边；此外，各朝各代人们的配饰、头饰也多运用编织、镂空的工艺进行制作。这些不同的装饰方式及制作工艺都使得服饰的外部轮廓空间呈现出一定的凹凸、镂空的肌理效果，在视觉上和触觉上形成了服饰的实体空间感。

当然，这种服饰肌理的空间塑造不仅体现在中国传统的服饰当中，在西方国家的服饰上也依然存在这种对于服饰外部廓形进行肌理塑造的装饰方式。在 16 世纪注重内部立体空间塑造的西方国家，同样会在服饰外表添加丰富的褶皱、蕾丝、缎带蝴蝶结或人造花装饰，特别是领口和袖口等处经常采用多层蕾丝进行装饰，形成了丰富的浮雕镂空感装饰效果。这一时期整个社会都非常流行服装上这种强烈的外观视觉效果和形式美感，也正因为这种疯狂的装饰形态，这一时期的女性甚至被称为"行走的花园"。现代表演服饰造型中，秉承了传统服饰中对于材料再造与服饰附加装饰的各种技巧与手段，通过多样的工艺方式，实现了服饰外观的肌理塑造，使服饰造型呈现出多变的外观形态，形成了服饰的外部空间占有和实体空间效果。

不管是中国还是西方，浮雕与镂空都因其特有的凹凸及透空的造型特点不断得到推广与普及。表演服饰造型的特殊性要求使得这种凹凸以及透空特性被设计师主观夸张与放大，强化后的凹凸或者透空肌理与原本表面简单的服饰材料形成强烈的视觉差异，由此产生富有层次、纵深变化、虚实变化的对比空间效果。这种对比的空间效果因为材质运用的不同，又有各自不同的体现。

第一种情况表现为相同材质下的空间对比。在材质相同的情况下，服饰表面浮雕或镂空的凹凸肌理对比，会产生近实远虚的对比空间感，这种效果接近于绘画中的近实远虚的对比。较凸的纹样图案会让观者感觉距离较近，较凹的图案纹样会让观者感觉距离较远。比如浮雕形式的褶皱处理，利用服装材料的卷折形成了高低、前后的关系。位置高且靠前的褶皱在视觉上感觉较实，位置低且靠后的褶皱在视觉上感觉较虚，一实一虚的对比就使得服装呈现出一定的实体空间效果。当褶皱材料越厚，位置高且靠前的特点更为突出，对比的空间效果也就更为强烈。在表演服饰造型中，有时候会在靠前的褶皱内部添加海绵、泡沫等填充物以此强化这种空间对比效果。另外，表演灯光的辅助有时也会强化同一材质下褶皱的明暗关系，使得表演光源下这种实体空间的对比效果更加强烈。第二种情况表现为不同材质下的空间对比。表演服饰中浮雕与镂空的运用有时候是多种材质的结合运用，通过不同材质的对比形成不同材料间的前后视觉关系从而产生一定的空间感。如运用拼贴或贴绣等形式在与其相同的基底材料中相互叠加时可以形成浅浮雕状的肌理效果，这样就构成了 1+1=2 的立体空间层次。当运用镂空蕾丝材料与其他非镂空材料进行叠加组合时，会产生两种不同的效果：一种是蕾丝镂空部分与底层材料结合后的效果；另一种是蕾丝非镂空的实体部分与底层材料结合后产生的效果。与相同材质下的空间对比相较，这种不同材质的组合实际上形成了 1+1 ＞ 2 的空间效果。如表演服饰中常用的浮凸感的亮钻、珍珠等辅料装饰，与基底材料组合后能够形成鲜明的材质上的对比，再加上表演灯光的配合，这种组合会产生更为强烈的对比效果和立体空间感。总的来看，在服饰材料不变的情况下，运用浮雕或镂空手段塑造的凹凸肌理起伏越大，形成的近实远虚的对比效果越明显，呈现出的立体空间感越强。当服饰材料为不同材质间的组合时，浮雕与镂空的运用就会产生材质色彩、光泽度、厚度、通透性等不同特性之间的差异，这种差异越大，形成的对比空间也就越为丰富。

2.虚拟空间和想象空间

表演服饰中浮雕与镂空塑造呈现的凹凸或透空的肌理，经过表演灯光的照射后会被强化和放大。凸起来或者非透空的实体部分相对整体服饰材料来说位置较高且靠前，因此会首先接受光源的照射并形成亮部区域，那相对位置较低且靠后的部分就成了暗部区域，这样暗部区域就因为光影的塑造表现出一定的看不见、摸不着的虚拟性特征。此外，凹进去及透空的暗部区域与人体结合后，会产生朦胧含蓄的视觉效果，这又会让观者产生无限的想象空间。

光影塑造的虚拟空间

表演服饰造型的呈现往往需要借助于光的配合，通过光来还原和塑造服饰甚至是整出表演的视觉美感与艺术效果。如服饰中的褶皱结构通过光的照射会在折叠部位形成暗影效果，从而加强褶皱的层次关系；又如服饰表面的亮片、金属钉等装饰，通过光的照射会形成强烈的反光，从而加强与底层材料的对比效果。假如离开光源的辅助，服饰中的这些表现效果就会大打折扣。浮雕与镂空在表演服饰造型中的应用糅合了服饰材料的肌理塑造、服饰外观的附加装饰等不同的体现技法，这些不同的技艺处理使得服饰表面产生了一定的凹凸或者透空的肌理风貌。这样凹与凸或者透空与非透空的肌理风貌在表演光影照射下就会产生一定的明暗、虚实的对比。处在凸起、非透空的部分是受光的亮部，处在凹陷、透空的地方则属于背光的暗部。当光照射表演服饰中浮雕与镂空的装饰部位时，浮雕肌理凸出向前或者是镂空肌理被留下的实体部分就得到了光的强化，产生更加强烈的立体空间效果。与此同时，光源未照射的另一端则处在视觉中的暗部区域，与光源照射部分形成强烈的对比，这样暗部的区域就表现出一定的虚拟性特征。当浮雕或者镂空的凹与凸、透空与非透空的对比越强烈时，光影塑造的暗部区域就越深邃，这种看不见摸不着的虚拟空间感觉就越为强烈。此外，要特别说明的是，表演服饰中浮雕与镂空造型方式的运用因为受到不同表演类型、剧目题材、受众群体等各方因素的影响制约，在许多时候并没有运用填充、支撑等夸张化的处理方式，而是更多的借助于表演光源让服饰造型注入深浅、高低、虚实变幻三维立体效果，形成一定范围内的虚拟空间感。

受众群体产生的想象空间

除了光的配合，表演服饰的呈现还借助于舞台及电视电影等各类展示平台。这些展示平台有多种不同类型：大剧场舞台、小剧场舞台、时尚 T 台、电视屏幕、电影屏幕等。不管是哪一种展示平台，观众都无法直接触摸服饰中的肌理变化，这样被光源弱化的部分就会让观众产生丰富的想象，进而对服饰造型产生不同的解读。

表演服饰中浮雕与镂空造型手法的特点就是塑造服饰凹凸、高低、透空与非透空的空间变化。这样在相同的视觉角度下，就会形成远近或者虚实的变化。浮雕肌理中那些凸起的部分相对来说较实，凹进去的部分相对弱化；镂空肌理有图案的地方相对较实，被镂空的部位相对虚化。这些相对虚化的地方是观众最不容易看清和感知的地方，尤其是在大剧场演出的观演距离影响下，这种虚化效果在光源的配合下表现得更为强烈，也最容易让观众产生对于未知空间的遐想。另外，表演服饰中的某些夸张的圆雕式浮雕或者深浮雕的形式，其外在廓形往往具有一定的扩张性，这种扩张延伸的线条或形态也会让观众产生对于服饰廓形之外的空间的遐想。

此外，表演服饰中镂空部位透空的特性决定了观众不但可以从外部感受服装的造型形式，同时通过透空的部位也可以看到服饰的内部形态。尤其是经过表演灯光的强化，观众可以直观的感受服饰表层与服饰内部的空间距离。以镂空蕾丝材料为例，其作为服饰主料直接装饰人体或者作为辅料与其他材料结合装饰人体时，被其遮挡的部分使得观众无法直观的看清，这就会让观众产生丰富的想象，在这种想象力的驱使下，蕾丝性感、神秘的特征也就显现出来了。中国传统绘画艺术中素有留白的构图手法，实际上就是为了营造虚实结合的想象空间。观众从中不仅可以感受画面的整体气氛，更重要的是可以通过自己的情感积累去感受留白画面的意境之美。浮雕造型中凹进去的部分以及镂空造型中被略化的部分都类似中国画中的留白处理。不同的是，表演服饰造型中这种留白的运用更加富有立体性与空间感，通过演员的表演、表演光源的强化进而激发观众丰富的想象力，引导观众去领悟服饰作品的内在情感意蕴，产生"此处无声胜有声"的艺术效果。

　　整体来看，表演服饰中的浮雕与镂空通过内部轮廓的支撑、填充以及外部轮廓的肌理塑造或添加附加装饰等手段使得最终的形态外观呈现出立体的空间性特征。同时，表演光源的配合又强化了这种立体的空间效果。另外，因为被光源虚化的部分观众无法直观地看到，这样就增加了表演光源下浮雕与镂空的虚拟的空间特性。最后，这种类似中国传统绘画中留白的处理方式又给观众提供了非常丰富的想象空间。

二、节奏感

　　服饰中的浮雕或者镂空造型手段创造了服饰形态不同的肌理效果，这些肌理或凹凸或透空，按照一定的秩序在服饰中组合排列、完美且富有变化，使服饰作品产生了一定的节奏感。节奏本是音乐艺术中的专业用词。在音乐艺术中，节奏是音乐旋律的主导，是构成乐曲的基本因素，它代表了声音的强弱、长短的交替以及轻重缓急。节奏在音乐艺术中表现出一定的规律，我们从这种规律性来分析，发现服饰中的浮雕与镂空装饰与音乐中的节奏有着诸多相似之处。浮雕与镂空在服饰中的肌理效果通过线条、纹样、轮廓等外观因素的反复、对比、协调以及布局排列显示出符合大众审美的形式，呈现出秩序性的高低、大小、虚实等有规律的排列与组合的方式，当这种秩序性的排列和布局产生一定的形式美感时，节奏感也就应运而生了。

　　除此之外，节奏感的形成与观众的主观感受也有着一定的联系，当观众在观赏服饰作品时，首先注意到整体的轮廓，接下来才会注意局部。而浮雕或者镂空造型手法通过服饰内轮廓、外轮廓以及局部装饰的共同塑造，使服饰外观呈现出主次、虚实、强弱的变化，这种一层层的递进使得观众在欣赏与接收服饰外观信息的时候也是一层层递进展开，于是也就形成了观众意识中层层递进的节奏变化。

根据不同的排列与组合的方式，表演服饰中节奏感的形式主要有凹凸、高低起伏的节奏以及重复的节奏。

1. 凹凸、高低起伏的节奏

当我们站在某点去观看远处的青山，可以看见经过大自然排列和组合后，远处的青山呈现出高与低、凹与凸等错落有致的景象，这种高低、凹凸的景色就形成了一定的节奏美感。当山与山之间的凹凸、高低变化越大时，这种节奏的美感也就越为强烈。

表演服饰中浮雕与镂空的肌理塑造很多时候是通过对材料自身的肌理塑造去实现的，这种浮雕或镂空的肌理在外观上呈现出一定的凹凸或高低起伏的变化。像蕾丝材料、刺绣工艺都会导致被装饰服饰的表面呈现一定程度的高低或者凹凸起伏，这种起伏变化根据不同的造型工艺以及装饰方式会产生一定的急、缓、平、稳的变化，在这种不断的急、缓、平、稳的变化中，节奏感就产生了。

表演服饰中浅浮雕的装饰方法凹凸起伏较为平缓，这样节奏感相对较弱，给人的感觉较为柔和；反之，深浮雕的装饰方法立体性强，节奏感也相对较强。如表演服饰中常用的贴片绣的形式，其浮凸效果含蓄，凹凸起伏平缓，这种节奏感相对较弱；而用立体垫绣方式形成的凹凸对比较为明显，节奏感较强。电视剧《武媚娘传奇》中武则天登基时所穿的龙袍，即使用了立体刺绣的方式，这种造型手段形成的凹凸起伏与高低对比强烈，具有很强节奏感，观众从这种强烈的节奏感上也可以产生对于服饰欲传递的身份性格等隐含意义的解读。

2. 重复的节奏

重复是指相同的或者相似的图案或造型以某种形式有规律的重复排列组成协调统一的图案或者造型，在外观形态上给人以整齐、秩序的美感。具体来讲，同一形态的重复形成统一感，相近形态的重复产生缓和变化感。

浮雕与镂空的纹样图案或者造型经常在服饰空间内有规律的重复排列出现，这种规律性的重复形成了整齐、秩序的节奏变化。比如表演服饰中经常用到的镂空蕾丝面料，其镂空图案就可以是无限重复的规律性图案，这种连续、重复、秩序的图案变化就形成了蕾丝材料节奏的美感。在表演服饰创作常用的蕾丝材料中，其节奏感的图案一般分为二方连续和四方连续两种方式。二方连续节奏感图案是指在一定的面积下将图案向上向下或者向左向右重复排列，其延展方向是线型的，多用于服饰边缘的装饰；四方连续节奏感图案是将一定面积下组成的图案重复排列，其延展方向是扩散型的，多用于大面积的服饰装饰。这两种图案的规律重复都能够产生一定的秩序感与节奏感，设计师可以根据客观的造型需要对其进行灵活的运用。此外，服饰中常用的褶皱处理是通过规律的褶皱排列组合形成浮雕感肌理，褶皱的规律性的重复也会形成强烈的节奏感。比如在京剧表演服饰中，女子大褶裙通过规律的折叠形成重复褶皱，不但形成了很好的装饰效果，同时，规律性重复出现的褶皱也形成了强烈的节奏感。

三、丰富性

浮雕与镂空造型方式的体现实质是对表演服饰造型材料进行改变，即破坏原型材料的完整性，进行增加或者减少的设计，使得原本简单的原型材料变得丰富。因此，表演服饰中的浮雕与镂空就使得服饰外观呈现出丰富性的特征。除此之外，表演服饰造型中浮雕与镂空的应用对于材料的选择范围做了更多的尝试与拓展，更多新型材料和非常规的材质被设计师挖掘出来，甚至是许多传统的普通材料也在设计师手中得到了强化与升华。这些"新"材料的出现以及对于"旧"材料的重新使用打破了传统工艺对于设计师的束缚。设计师开始寻找更加多样化的工艺手段对这些新、旧材料进行颠覆性的加工与再造，使其外观产生新的视觉、触觉的丰富变化。这些丰富的材料、工艺手段让服饰作品变得更加生动和立体的同时，也让服饰造型产生了极具特色的艺术效果。最后，表演服饰中浮雕与镂空选择的不同的材料、工艺及呈现的丰富纹样图案又使得服饰产生了丰富多样的隐喻效果，让观众调动生命的情感体验对其进行不同的解读，最大化地发挥表演服饰创作的塑造性功能。

整体来看，表演服饰中浮雕与镂空的丰富性艺术特征主要表现为：服饰外观呈现的丰富视觉效果以及内涵意蕴呈现的丰富情感解读。

1. 服饰外观的丰富性

浮雕与镂空造型手段综合了设计师巧妙的创意、大胆的用料以及多样化的工艺手段，通过各种综合技法对服饰材料或者服饰外观进行再造与塑型。如浮雕与镂空的造型方法经常以缠绕、撕扯、编织等手工加工的方式呈现，这些造型方式具有较强的不确定性以及随意性，因此通过这些方式呈现出来的浮雕或者镂空造型也往往出其不意、丰富多变。又如为了体现出浮雕镂空的凹凸肌理效果，往往选择各式各样的非常规服饰用料，对各种非常规材料进行试验与重构，使其呈现出不同寻常的外观风貌。这些不同工艺、不同材料的综合运用大大丰富了服饰外观的视觉效果，使得表演服饰造型呈现出一定的新奇感、迷惑感以及绚丽感。

新奇

在现代表演服饰设计中，浮雕与镂空的材料除了选择天然的浮雕镂空肌理材料或者是对传统材料进行再造设计外，还会探索各种非常规材质的运用，如塑料、木材、纸，或者将其他不相干的各种材质进行混合搭配。非常规的材料往往需要新颖的造型工艺进行设计与制作，这些非常规的材料加上这些新颖的造型工艺已经具有一定的新奇性，更何况表演服饰造型往往是将这些

图 2-1-2 莉莎·斯特洛兹克设计的木材服装 图片来源于作者收藏　　图 2-1-3 塔拉·凯恩·道加斯设计的纸质浮雕感服装 图片来源于作者收藏　　图 2-1-4 塔拉·凯恩·道加斯设计的绳质浮雕感服装 图片来源于作者收藏

非常规的材料进行混搭组合，其表现出的新奇视觉效果就更为强烈。

　　德国的年轻设计师埃莉莎·斯特洛兹克（Elisa Strozyk）就特别擅长运用非常规的材料对服饰外观进行肌理塑造。常规状态下，设计师都会选择柔软的材料进行服饰外轮廓的肌理塑造，而莉莎·斯特洛兹克却将坚硬的木头作为服饰肌理塑造的物质材料。运用先进的切割工艺将木头切片打薄，通过富有节奏的几何体变化将其附着在服饰基布表面，这样木的坚硬质感与服装搭配就产生了新奇的化学反应。在莉莎·斯特洛兹克设计的一系列运动衫展示装中，服装主体部分就选择了黑桃木来塑造，利用黑桃木韧性强的特点，将成熟的黑桃木切割成薄片，然后将其连接到服饰基底上，这样就形成了不同寻常的新奇木质浮雕效果（图 2-1-1 见文前彩插，图 2-1-2）。

　　特立尼达的建筑师塔拉·凯恩·道加斯（Tara Keens Douglas）同样擅长寻找非常规的材料来塑造服装的肌理效果。她的作品经常用纸、绳等材料进行创作，用抽象夸张的造型形式对人体进行表达。在她参与设计的狂欢节系列服饰中，均大胆地采用了纸、绳等非常规材质，通过盘绕、褶皱等手段对肩部、胸部及臀部等女性化特征明显的部位进行强调，塑造出服装夸张新奇的肌理效果（图 2-1-3、图 2-1-4）。与塔拉·凯恩·道加斯一样，瑞典时装设计师贝亚·森菲尔德（Bea Szenfeld）也擅长用纸进行服饰肌理的塑造，

图 2-1-5　贝亚·森菲尔德的纸
质概念服装　图片来源于网络

通过剪切、折叠等造型手段，将纸的造型塑造
成各种动物、几何的具象廓形，使得服装造型
充满前所未有的革新概念并迸发出强烈的戏剧
感（图 2-1-5，图 2-1-6 见文前彩插）。浮雕与
镂空造型方式在这个多元发展的新时代被注入
更多新鲜的活力，新材料、新想法、新工艺的
综合运用促成了其视觉效果呈现出前所未有的
新奇感。

迷惑

表演服饰造型因为受舞台观演距离和播放
屏幕等因素的影响，使得观众与表演者保持一
定的空间和距离。观众在这种远距离的舞台下
或者虚拟的电视电影屏幕前始终无法真实地触
摸和感受表演服饰的材料及造型工艺，只能通
过表面的形态特征进行主观的判断。基于以上
这些原因，表演服饰材料的运用并不要求百分

百的还原现实生活，而是利用舞台或电影电视屏幕前呈现出的虚拟性特征，
选择更加方便易得的材料去替代生活中的真实材料，从而创造出以假乱真的
艺术效果。对于观众来说，这种以假替真的造型方式因为演出空间的虚拟性
特征会产生一定的迷惑性，如若不是亲自了解制作体现的过程及工艺，很难
判断出材料的原始风貌和特征。在表演服饰造型中，这些具备迷惑性的替代
材料多集中在服饰饰物的制作中。比如精致繁复的浮雕镂空形式的头饰在现
实生活中大多是金银等贵金属材质所制，但是在表演剧目中，考虑到材料的
造价以及演出的虚拟性特征，就没有必要对其进行百分百还原。在制作相对
考究的影视类服饰造型中，往往会选择铜、铁等相对低廉的材料来取代金银
等贵金属材料，通过一些传统工艺对这些替代材料进行浮雕或镂空形式的加

工，最后外层镀以金银达到以假乱真的效果。在舞台类型的表演中，由于观众始终与演员保持一定的距离，加之舞台灯光的配合，服饰或者头饰选择的材料就更加大胆且具有迷惑性。中央戏剧学院实验剧场演出的话剧《秦王政》中，造型迥异的发饰大多是选择卡纸制作。将卡纸剪切镂空或拼贴粘贴得到所要的图形或者纹样，然后再用丙烯或者喷漆涂色，最后在最外层喷涂亮漆或者涂刷指甲油。这样硬卡纸代替了金属的坚硬质感，亮漆或者指甲油加之舞台光效的配合给予卡纸金属的色泽，最终在舞台上呈现出真实的金属质感效果，舞台演出的距离感以及被"再造"过的卡纸在舞台光效配合下营造出的金属光泽给予观众极大的迷惑性，成就了舞台灯光下卡纸头饰以假乱真的效果。在中央戏剧学院首届大学生服化展中，李明辉的作品以图腾为灵感来源，将图腾抽象化，利用 EVA 材料板进行浮雕与镂空雕刻，通过后期喷色做旧处理形成金属效果，很好地掩盖了 EVA 材料的天然色泽与质感，同样起到了以假乱真的迷惑效果（图 2-1-6 见文前彩插）。除了铜、铁、纸、EVA 材料板等材料的运用外，服饰中的浮雕或者镂空金属饰品还可以选择树脂、玻璃钢甚至是苯板来代替，通过塑型、打磨、喷色等各种工艺处理使其最终呈现出金属的质感与肌理效果，并达到以假乱真的迷惑效果。

表演服饰造型因为观演距离和播放媒介与观众形成的距离感，使得浮雕与镂空造型方式可以选择多种多样的替代材料去还原生活中的真实材料，使其更加适用于表演。通过丰富的工艺手段对这些替代材料进行塑造，使其与原始的被替代材料的色泽、质感等接近一致，同时呈现出以假乱真的迷惑效果。

绚丽

现代表演服饰创作中的浮雕与镂空造型方式融合了许多新型的科技与时尚元素，如在一些 T 台秀、创意展示以及演唱会的服饰造型中经常会使用发光的材料。这些材料有部分是在其表面添加反光涂层，通过舞台灯光的照射形成反光的效果；还有一部分材料自身就呈现出透明或者半透明的质感，将其做成中空的夹层并在中间添加灯管，这样通过电源的控制就可以使其呈现发光的效果。不仅如此，通过提前设置的电子编程，还可以灵活控制灯管开启关闭的时间以及闪烁的频率。在比较时尚前卫的服饰造型中，往往直接将这种发光材料编织成镂空的造型，或者将这些发光材料作为服饰表面的浮凸装饰。不但凸显了服饰造型的轮廓和肌理，增加了服饰的装饰效果，发光材质的运用更是增加了服饰的绚丽程度，极大地增强了表演服饰的舞台视觉效果。

整体来看，表演服饰造型中的浮雕与镂空运用了各种各样丰富的材料和工艺手段。对非常规的"新"材料进行各种探索和尝试，对常规的"老"材料进行新工艺的再造，从而使得服饰外观呈现出异常丰富的外观形态，同时又产生了新奇、迷幻、绚丽的丰富艺术效果。

2. 内涵意蕴的丰富性

浮雕与镂空造型方式不但使服饰外观造型呈现出丰富的外观视觉效果，其繁复精美的纹样图案以及灵活多样的材料、工艺的运用也展现出曲折、无限的情感内涵，使现代观众结合特有的时代观念和生命体验对其做出丰富性的释意和解读。

纹样图案的丰富隐喻

在古装题材的表演剧目中，有许多具有传统纹样图案的刺绣装饰，这些刺绣装饰一般都带有鲜明的寓示性，通过浮雕形式的刺绣肌理塑造出人物的不同身份、性格等特点。一般情况下，龙凤纹多以浮凸的刺绣形式出现在具有至高权势的角色服饰造型中；虎纹同样以刺绣或贴绣的形式出现在英勇善战的人物服饰上；花朵纹样则以刺绣或镂空的形式出现在女性服饰上。这些不同的动物、植物的纹样造型都有着不同的解读和释意，观众可以根据自己的生活积累和情感体验对这些不同的纹样做出多样性的解读。在中国传统的思维模式和人们的生活情感体验中，许多不同的事物都有着不同的解读。比如服饰外观会因为浮雕镂空的肌理塑造而形成不同的几何形态，这些不同的形态则产生了不同的隐含意义。方的造型给人以严谨和秩序的感觉，三角形给人以不稳定和活跃的感觉，圆形则给人以可爱和憨厚的感觉。但是大多数情况下，表演服饰造型中呈现出的这种形态往往是可圆可方、可钝可尖，这就给观众传递了不同的情感信号。观众对其进行解读的同时，会因为不同的主观感受和主观理解对服饰中浮雕与镂空的肌理塑造产生丰富的设想和多样的解读。

根据大量的表演服饰中浮雕镂空纹样图案的装饰法则及观众对不同的浮雕镂空纹样进行的多样性解读，我们可以将主要的几种纹样图案做如下释意：鸳鸯代表美好的爱情，牡丹象征富贵和繁盛，荷花代表纯洁，梅花代表坚忍不拔，兰花代表高雅，竹子代表君子气节，菊花代表坚贞不屈，孔钱纹代表财富，方胜纹代表同心相连，十字纹代表生命。这些不同的纹样图案都给服饰造型注入了丰富的情感信息，观众可以结合自己的主观情感认知和情感体验对其做出不同层次的释意和解读。

材料及工艺的丰富隐喻

浮雕与镂空手段塑造服饰肌理风貌的过程实质是在以物寄情。以物表达内蕴情感，以物表达科技的进步与自我情感的宣泄。表演服饰中的浮雕与镂空是通过不同的工艺与材质实现的服饰外貌的塑造，这些不同的材料有着丰富多彩的隐含之意，甚至不同的工艺技法也蕴含了不同设计师的主观情感的宣泄与表达。如服饰中常用的亚麻材料，因为天然织造的肌理风貌能够形成朴实厚重的效果；丝绸材料因为反光的特性能够表现出华丽富贵的效果；蕾丝镂空材料因为虚实结合的肌理风貌则表现出神秘性感的效果。另外，服装中那些通过塑型、填充等手段体现出的凹凸变化强烈的外观风貌或者通过金属装饰物在服装上的缝缀体现的材质碰撞的新奇效果，都表现出背后设计师思维的大胆与前卫；服装上通过撕扯、剪切、灼烧等手段体现的镂空通透的效果，又体现了设计师的潇洒与自由；服装上那些精致绝伦的刺绣或者蕾丝花边装饰，又能反映出设计师的细腻情感。这些不同的材料和工艺都反映了

图 2-1-7　电影《白雪公主之魔镜魔镜》中的服装镂空效果　图片来源于影片截图

不同的情感信息。如在电影《赵氏孤儿》中，整体服饰的设计多采用麻料进行浮雕形式的褶皱处理，疏密有致的褶皱在本剧产生了丰富的情感内涵。首先，赵氏孤儿是一部历史悲剧。服装主体的材料选用麻料来表达剧目的整体气氛，通过麻料上的褶皱处理使服装呈现一定的浮雕立体感，很好地营造了本剧的历史悲剧的题材和主题。当主角程婴失去自己的妻子和儿子两个至亲时，其服装上呈现出凹凸起伏的浅浮雕褶皱风貌，观众通过服装主体材料——麻和浮雕造型方式——褶皱就可以产生对于程婴内心复杂、不安、坚强等不同情感信息的丰富

解读（图 2-1-7）。在另外一部魔幻电影《白雪公主之魔镜魔镜》[①]中，服装设计师石冈瑛子为茱莉亚·罗伯茨（Julia Roberts）饰演的皇后设计了众多繁复多变的戏服，这些戏服的用料及工艺也体现了各种不同的隐含信息。首先是每一套戏服的材料用量都非常夸张，用量的堆积去体现人物身份的重量或者是通过超乎常规量的使用塑造影片诙谐幽默的风格。其次是影片中大胆地使用了浮雕镂空造型方式，在皇后精心装扮自己的一场戏中，服饰的造型由藤条编织的紧身胸衣和裙撑组成。设计师将原本用布料加鱼骨缝制的紧身胸衣全部替换成了细藤条编织的造型，同时将下半身裙撑的骨架用藤条加密。观众可以直观地看到服装的这种透空变化，当仆人用力拉紧皇后紧身衣后的系带时，藤条制作的紧身衣也随之变化收紧，这种强化的镂空效果像极了一个制作精良的瘦身机关，极大地凸显了电影诙谐幽默的风格。设计师在其他人物的服装设计中，同样多次采用这种工艺手法，用藤条或者其他扁状编织

① 电影《白雪公主之魔镜魔镜》，2012 年上映。导演：塔西姆·辛（Tarsem Singh），服装设计：石冈瑛子。

物塑造不寻常的镂空造型取代常规的服装廓形，用这种外在的视觉元素加强了戏剧冲突，更好地隐喻全剧的主题风格。

　　总的来看，表演服饰中浮雕与镂空的材料、纹样图案以及工艺方式都可以表现出不同的情感内涵。观众在对其进行解读时，往往还要加入自己的主观生活理解，这样不同的观众就有了不同的解读。加之浮雕与镂空材料、纹样图案、工艺方式本就表现出不同的情感内涵，最终，多种的不同诱发了对浮雕与镂空的内涵意蕴的丰富释意与解读。

四、灵活性

1. 创作顺序的灵活性

　　表演服饰中浮雕与镂空造型方式的运作，具有很强的灵活性。可以先通过各种工艺技法对原始面料进行再造，让再造后的新风貌刺激设计的灵感，之后再进行服饰设计；也可以通过不同的工艺手法对已经成型的服饰进行肌理塑造，用浮雕与镂空的肌理塑造去丰富服饰外观；还可以通过现有的具备浮雕或者镂空感的材料直接进行服饰设计。表演服饰中浮雕与镂空创作顺序的灵活性表现主要有三种方式。

　　第一种方式是从不经意的肌理塑造出发继而完成服饰造型的创作。浮雕与镂空的肌理效果呈现有时候是通过设计师不经意的折叠、剪刻、撕扯、灼烧等手段实现的，各种材料经过这种不经意的处理后往往能够产生意想不到的浮雕或者镂空的效果。设计师更多的时候会直接利用材料产生的浮雕镂空效果并将其作为主体材料进行整体服饰造型的创作。此外，现代表演服饰创作中为了表现某些特殊的造型效果，会探寻各种新型的服饰材料，然而许多新型材质不易获得或者价格昂贵，这也成为设计师设计的瓶颈。通过对"老"材料进行浮雕与镂空的处理可以使老材料焕然一新，并且能够通过材料自身产生的全新肌理风貌刺激设计师产生更多的设计灵感，大大丰富了服饰创作的表现空间。

图 2-1-8　亚当·萨克斯的即兴
剪裁作品　图片来源于作者收藏

　　第二种方式是在已经完成的服饰造型上进行服饰肌理的塑造。浮雕与镂空肌理的装饰很多时候是在已经设计成型的服饰轮廓基础上完成的，通过这种有意识的肌理装饰可以强调人体的体态特征或者是服装的局部装饰感。比如为了强调男性角色的威武阳刚之感，有时候会在肩部轮廓或者在整个上半身添加一定的浮凸装饰来强调扩张的造型，凸显男性的阳刚之感；为了强调女性的柔美气质，可以在服装背部或者领口等处通过镂空的造型方式来强调虚实结合的朦胧感，凸显女性的柔美之感。有着天下第一剪之称的好莱坞裁剪大师亚当·萨克斯（Adam Saaks）特别擅长在完整的服饰中去塑造镂空的服饰肌理。根据表演者的不同性格特点和不同身份职业，用剪刀在一件日常穿着服饰上剪裁得到形态各异的新造型，用这种随机产生的镂空感来表达穿着者的个人风格和设计师的主观情感，生动鲜活地体现了服饰独到的艺术魅力（图 2-1-8）。

　　第三种方式是直接利用已经具备浮雕镂空肌理感的材料进行服饰造型的创作。现代化科技的发展让新型的浮雕与镂空造型技艺如激光切割、机器刺绣、机械压拓、机织蕾丝等如雨后春笋般大量涌现。这些机械化生产和新型工艺的出现甚至取代了部分传统的浮雕与镂空的工艺手段，提高了许多具备浮雕镂空感肌理材料的产出，提升了表演服饰造型中浮雕与镂空材料使用的频繁性。如表演服饰中经常使用的褶皱肌理感的材料可以通过现代化高温熨烫的方式得到批量化生产，这种高温熨烫产生的褶皱效果可以在一大段时间内甚至是永久性的维持其褶皱肌理的形态；又如表演服饰中经常运用的镂空蕾丝材质，在现代化机械和现代工艺的辅助下可以运用各种不同的材料形成各种丰富的镂空纹样图案。这些现有的具备浮雕镂空肌理的材料为表演服饰造型提供了更为便捷的基础保证，在当今快节奏的表演服饰创作中发挥了极其重要的作用。

2. 工艺方式及材料运用的灵活性

浮雕与镂空的体现方式灵活多样，相同的肌理效果可以通过不同的工艺手法或者多种手法的综合运用来获得。同时，浮雕与镂空在表演演出特殊的虚拟性环境中对于材料的选择与运用也极其灵活。

在表演服饰造型中，服饰轮廓或者服饰表面塑造的凸起的肌理效果可以通过多种方式去实现：通过绗缝的办法去填充绲线内预留好的轨道，这样就会形成凸起的肌理效果；通过垫绣的工艺在刺绣的图样底部垫上羊毛、棉花或者其他填充物，这样垫起的材料表面也会形成凸起的效果。另外，如果要呈现服饰中的镂空肌理，我们可以使用手工剪切、机械剪切又或是激光雕刻的方式得到一致的效果，这些不同工艺的选择可以根据客观的条件和设计师的主观意愿去灵活地做出调整。

除了工艺方式上的灵活运用外，表演服饰中浮雕与镂空的材料选择也极其灵活。由于表演服饰的创作是依托于不同类型的舞台或电影电视屏幕的表演，普通观众只能通过有一定距离的舞台或者电影电视镜头来欣赏演员的表演服饰，这些客观的特殊条件为材料的选择运用提供了极大的灵活性。比如要塑造服饰的夸张浮雕感廓形，可以运用常规的服饰材料进行塑造。但是一般常规材料的塑型支撑度不够，因此要提前进行粘烫硬衬或者在内部附着铁丝、鱼骨等支撑物的手段进行处理。在有一定距离的舞台演出中，设计师更多的情况下会选择具有塑型力的纸、泡沫板等非常规材料进行这种服饰外观的塑造。利用各种具有塑型力的非常规材料不但可以实现服饰浮雕感廓形的塑造，而且通过后期的润色处理可以呈现出与服饰整体融合一致的效果。另外，表演类型的演出中演员的各种浮雕镂空装饰的头饰及配饰也经常会受到演出制作经费、制作周期、演员表演等各种因素的影响而选择各种各样多元化的材料进行制作。如生活中大家用到的真金白银头饰，到了表演服饰创作中要考虑到制作的周期和制作的成本。在电影电视等高清镜头的要求下，这种金银质感的浮雕镂空头饰完全可以寻找成本更加低廉的其他金属材料进行制作。而在大剧场的舞台演出中，考虑到舞台观演距离的影响会对这些浮雕镂空的头饰进行夸张放大处理。这些放大夸张后的头饰如果选择金属进行制作的话就会大大增加头饰的自重，尤其是在舞台剧的表演中，演员带着如此重的头饰去完成两个小时左右的演出会产生很大的负担。在这种情况下，设计师可以选择纸、塑料、泡沫等质量较轻的材质去制作头饰，通过雕刻、剪切、打磨以及后期的喷色、喷漆等处理完全可以呈现与金属浮雕镂空头饰一致的舞台表演效果。在以上的案例中我们都可以发现，相同的浮雕镂空肌理效果可以通过各种各样灵活的工艺手法去实现。同时，表演服饰在舞台与电影电视镜头的特殊距离感的框架下，也给设计师进行浮雕与镂空材料的选择提供了更多的灵活空间。

3. 装饰布局的灵活性

表演服饰造型中的浮雕与镂空布局装饰非常灵活，可以作为整体的肌理塑造大面积使用，也可以作为局部的装饰细节对服饰外观进行丰富，甚至还可以在服饰配饰中出现。

装饰布局的灵活性首先表现在对于服饰的整体运用和布局上。整体布局是指浮雕或者镂空肌理风貌作为服饰造型的主要材料进行大面积的使用。这种布局方式形成的视觉效果非常统一，强调了服饰设计的整体性，突出了浮雕与镂空造型方式的浮雕感或者镂空感，同时大面积的浮雕与镂空应用也形成了强烈的形式美感与视觉冲击力。如将镂空特点的蕾丝面料作为服饰的整体甚至是唯一面料进行设计，这种本身就带着镂空肌理的面料，能够很好地展现出女性性感妩媚的特点或者是体现某些特殊身份的角色。在电影《七月与安生》中，安生从小与妈妈关系不好，在妈妈这个角色服饰塑造上，设计师选择了一袭大红色蕾丝裙装。对于妈妈的职业、工作、背景等影片并没有交代，但是通过一袭蕾丝的整体布局交代了她与女儿的矛盾冲突和其身份的特殊性。

电影《赵氏孤儿》中，设计师将麻质材料整体做褶皱处理，用这种大面积的褶皱材料塑造程婴、庄姬等几位主演的服装造型，用带有褶皱感的造型来表达剧中凝重的感情色彩。除了在服饰上整体运用和布局以外，表演服饰造型中浮雕与镂空的装饰效果还可以通过局部细节的装饰来体现。通过镶、滚、切割等可以产生浮雕镂空感的工艺方法或者是通过蕾丝、刺绣等已经具备浮雕镂空感的材料进行局部的点缀与装饰，为整体的服饰造型起到画龙点睛的作用。这种局部的点缀应用可以强调局部范围内浮雕与镂空的肌理变化，增强了局部与整体的对比性，突出浮雕与镂空的装饰效果。

此外，表演服饰中浮雕与镂空的装饰效果也大量的运用在服饰配饰当中。我们所讲的服饰配饰包括项链、手链、耳饰、鞋子等，这些不同的配饰可以有效地点缀服饰，它们的不同造型形式甚至可以影响到整体的服装风格。在服饰配饰中巧妙地利用浮雕与镂空造型方式可以有效地提升表演服饰作品的整体装饰意境甚至能够起到特殊的强调效果。在电视剧《麻雀》中，医生一角的服饰造型中运用了大量的蕾丝拼贴普通面料的形式来体现，在那个保守且沉闷的年代，用这种"欲言又止"的拼贴工艺是比较合适的。然而在其鞋子的设计上，我们却发现了镂空的肌理装饰，用这种镂空的肌理风貌体现人物大大咧咧的性格。通过鞋子中镂空的设计很好地强调出了人物的性格状态，同时又很好地呼应了服装的主体风格。

总的来看，服饰设计中的浮雕与镂空装饰可以是整体的大面积运用，也可以是局部范围内的单独运用，同时还可以是在各种配饰中的灵活运用。设计师可以根据表演不同风格、材质的不同属性、人物角色的不同性格等来灵活掌控浮雕与镂空的布局方式。

五、装饰性与实用性

浮雕与镂空造型方式通过多元化的工艺手段塑造出形态迥异、千差万别的丰富图案或纹样，这些丰富的纹样图案或凹凸起伏，或镂空通透，大大丰富了服饰外观的装饰效果。另外，浮雕与镂空的运用多是融合了设计师丰富的主观想象，被赋予了各种隐喻性的特征，在实现其装饰价值的同时，也实现了较高的艺术价值。此外，浮雕或者镂空造型手段的应用往往具有很强的实用功能，如经过镂空方式处理的材质在保证其物理性能不变的情况下，可以减少材料的用量以及材料的重量，尽可能地节省制作的成本及减轻演员的表演负担，大大增加了表演服饰的实用功能。

在京剧表演服饰中，浮雕与镂空造型方式的装饰与实用特征就表现得尤其明显。京剧服饰中会运用各种丰富的材料及工艺来体现具备浮凸肌理效果的盘金绣、盘银绣以及贴布绣等服饰肌理装饰，同时还使用金线来强化这些浮凸肌理的轮廓边缘，这些造型方式的运用都大大加强了整体服饰的装饰效果。此外，京剧服饰中的刺绣或者皱褶等浮凸肌理的塑造还可以产生实用性的功能。如《回荆州》中张飞的服饰用了满绣的飞蟒造型，这种布满全身的刺绣造型不但丰富了服饰的装饰效果，同时还因为满绣大面积的运用使面料厚度得到增加，从而使得满绣后的服饰材料塑型力变好。不仅如此，这种硬挺的材质质感也很好的隐喻张飞这一角色的性格特点。在京剧的传统服饰大褶裙中，经常会通过打褶与刺绣结合的方式体现服饰外观的装饰效果。褶皱的工艺处理增加了活动的余量，这样就更加便于演员在演出中做各种大幅度的动作，另外在大褶裙的两边还做了贴边的设计，不但增加了大褶裙的垂感，同时也很好地解决了裙子过长对演员动作的束缚，起到了很好的实用功能。

年代戏中经常用到的盘扣，也是典型的装饰与实用并存的形态。为了营造最佳的装饰效果，在生活装中盘扣的基础上进行面积的扩大以及纹样的精致处理，大大加强了装饰效果。与此同时，盘扣的实用性功能依旧保留，通过纽结与镂空扣眼的连接，起到固定门襟的作用。

除了以上这些案例以外，浮雕与镂空的装饰性与实用性在表演头饰设计与制作中也表现得尤其突出。一方面通过浮雕或镂空造型方式可以丰富头饰的层次感与美观度；另一方面可以通过镂空减法的设计减轻头饰的自重，最大化减轻演员的表演负担。在中国音乐学院举行的亚洲国乐节开幕式、闭幕式的演出剧目《韶乐》《大武》中，大量的动物头饰造型就采用了镂空与浮雕相结合的设计处理。设计师首先根据不同的动物形象进行形态的设计，比如孔雀的造型是较长的脖子细小的鸟喙，麻雀的造型则是短短的脖子宽大的鸟喙。首先运用铁丝骨架将这些基础的动物廓形搭建好，最外层用 EVA 材料粘贴得到原始的动物轮廓；然后再根据不同的动物羽毛形态及大小对 EVA 材料进行纹样的设计与镂空雕刻；最后将雕刻好的镂空纹样与基底材料进行粘贴，这样就形成了一定的浮雕肌理效果。EVA 材料较普通材料来说更具轻便性，加上镂空掉的部分，不但使得头饰自重大大减轻，同时也让头饰变得更加透气舒适。这样轻便透气的头饰以及丰富的肌理纹样大大丰富了本剧头饰的装饰性，加强了演出的实用效果。

总的来看，服饰中浮雕与镂空的运用是设计师为了更好地丰富服饰外观肌理而采取的有针对性的重要创作手段，这就使得装饰性成为服饰中浮雕与镂空的必然艺术特征。另外，浮雕与镂空的工艺特点使其在合理的情况下又产生了很好的实用性功能，提升了浮雕与镂空在服饰创作中的使用价值。

第二节　表演服饰中浮雕与镂空的应用意义

　　浮雕与镂空在表演服饰中的运用，是以传统造型艺术中的浮雕与镂空为基础，利用丰富多元的材料以及多样化的造型手段对这种传统加以延续与传承、演变与革新。这些不但拓展了服饰设计的表现空间与文化内涵，扩充了服饰造型工艺的表现形式，同时也最大化凸显了表演服饰的舞台或屏幕视觉效果。在塑造表演角色性格的同时，这些新材料、新技法、新创意又赋予浮雕与镂空造型方式新鲜的生命力，甚至可以说是对服饰造型的革新与颠覆。

一、对民族文化的传承与延续

　　我们在前文已经提及，浮雕与镂空源起于远古时期，伴随着人类文明社会的存在而出现。在丰富肥沃的历史沉淀中，逐渐演化与发展成为具有不同造型特征的艺术形态。像建筑、雕塑、剪纸、皮影、刺绣、蕾丝等这些极具特色的艺术形态都存在大量的浮雕与镂空造型方式的应用，甚至这些不同艺术形式的许多造型工艺或者是实物形态已经成为经典被一代代相传。在当今国际舞台不断推陈出新、传承与颂扬各民族文化的时机下，传统艺术中的浮雕与镂空经典的造型方式和实物形态给表演服饰造型注入了新鲜与时尚的活力。设计师对这些传统的手工技艺和装饰形态进行了深入的挖掘，将这些传统的造型工艺或者具有典型浮雕与镂空代表的艺术形式进行灵活的转化与应用，既实现了对传统工艺技术的传承，让更多的人了解历史和传统；同时也通过表演服饰这个平台宣扬了中国的传统历史和悠久灿烂的文化艺术，为国人争得自豪的民族归属感。纵观在国际中有一定影响力的表演类服饰造型，绝大多数都与中国传统文化和中国传统艺术有着很深的关联。如蜚声国际的中国戏曲艺术，其繁复精美的服饰造型就将中国传统刺绣艺术演绎得淋漓尽致。为了更好地体现刺绣的浮雕肌理感，许多戏曲服饰的面料都要经过浆化处理，经过这种处理的材料就会变得坚实从而更容易塑造硬挺的服装廓形，同时也更加便于刺绣的操作。在刺绣后的服装表面利用金银线加强刺绣纹样图案的边缘轮廓，再一次强调服饰的浮雕肌理效果。戏曲行当里有个不成文的规定，"宁穿破，不穿错"，说的就是戏曲服饰穿着的考究和重要性。戏曲中的许多重要服饰从开始到穿破是不能见水的，其中很大一部分原因也是为了保护戏曲服饰中精美的刺绣效果。直至今天，戏曲服饰中这种传统的刺绣工艺仍旧被完整地保留，其特殊的工艺过程及装饰效果都极大地丰富着中国的传统文化艺术。除了传统的戏曲服饰外，戏曲头饰中经常用到的掐丝工艺同样是从古代流传至今的传统工艺，它的应用不但使纹样形成了浮雕般的效果同时也让造型更加生动立体。掐丝工艺是将金银或者其他金属细丝按照设计的纹样图形弯曲转折后掐成想要呈现的图案，通过焊接将其与头饰或者其他饰物相结合，这样就使饰物呈现出生动的立体之感。在清宫剧《延禧攻略》中，皇后及妃嫔头饰上的绒花浮凸装饰也是传统的手工造型技艺。这种绒花的装饰在唐朝已经出现，是利用黄铜丝和蚕丝为主要原料，经过十几道繁复的工艺制作完成。随着电视剧《延禧攻略》的热播，这种传统的绒花装饰进入大众的视野，在一定程度上推进了绒花传统技艺的传承与发展。又如设计师经常在表演服饰中借鉴剪纸的镂空手段和装饰效果，通过传统剪纸艺术的应用来传递服装的艺术性表达。剪纸是非常传统的民俗文化，在中国就有三十多个民族有着各自不同的剪纸艺术，如粗放简练的满族剪纸、玲珑剔透的湖北剪纸以及剪法明快的福建漳浦剪纸等，不同地域不同流派的剪纸技法又各有特点。为了更好地表达，设计师就要不断地挖掘和探索不同地域不同的剪纸流派及表现技巧。设计师在以镂空剪纸为切入点进行服装造型创作时，也必然会对剪纸传统的文化和丰富的工艺等进行一定的了解和研究，这也在无形中实现了对中国传统民族文化的宣扬与传承。

历史悠久的浮雕与镂空以其独特的魅力彰显着浓郁的民族特色，其经典的造型技艺及表现形式为表演服饰创作提供了广阔的空间和丰富的素材。浮雕与镂空在表演服饰造型中的拓展以及应用，归根到底还是以中国的传统文化作为设计的灵魂和主线，借助现代的设计语言对其进行传承与延续，以此创造出更加富有生命力的表演服饰作品。

二、对服饰造型的革新与颠覆

表演服饰中的浮雕与镂空既有对历史的传承与延续，也有在现代环境中的拓展与创新。当代经济文化的快速发展，促成了不同门类艺术间的相互沟通与融合，浮雕与镂空这样的传统造型方式在这种快速发展与融合的趋势下也经历着前所未有的革新与颠覆。

表演服饰中的浮雕与镂空重要的是对服饰材料进行各种肌理的塑造，因此，现代环境中浮雕与镂空的革新与颠覆主要表现在服饰材料的选择与再造使用上。人类对于服饰材料的选择和使用经历了兽皮、树叶、棉、麻等不同的发展阶段，各个阶段的不同服饰材料也反映着服饰文明的变化与发展。在相当长的一段时间内，人们的服饰是在传统思想的束缚下进行着保守的延续和传承。然而随着时代的发展，普通的服饰已经无法满足大众不断提高的审美水平，尤其是表演服饰的创作更加需要多元化的造型方式去迎接观众的审视和评价。因此，设计师在服饰材质上不断寻求突破与创新，各种材料的塑造方法、各种的非常规材料随着时代的更迭、技术的进步以及设计理念的突破出现在表演服饰的浮雕与镂空造型之中。比如，镂空的蕾丝材料原本属于西方舶来品，它在西欧服装史中曾经扮演过重要的角色，18世纪洛可可时期服装中出现的那些繁复精致的蕾丝花边装饰仍然是服装历史中最为经典的造型形态之一。

　　国内因为传统的思想观念与蕾丝暴露、性感的属性特征相背离，直到20世纪初蕾丝才逐渐作为辅料装饰在生活服饰和表演服饰中崭露头角。发展到今天，蕾丝在表演服饰造型中的运用不但出现在了现代剧目的创作之中，同时也出现在古装剧目创作之中。2010版的电视剧《红楼梦》[①]服饰造型中就运用了大量的蕾丝材料。众所周知，《红楼梦》的写作背景是18世纪封建社会的末期，这个时期及之前一大段历史时期的服装多以丝织物及棉麻织物为主，这对观众的解读会有一定的潜移默化的影响。加之1987年版《红楼梦》已经成为经典，其服饰造型也被大部分观众认可，这更加强了观众心目中对于服饰造型的固有印象。2010版《红楼梦》的服饰造型突破了观众心中固有的模式和印象。在部分主要角色的服装主体中运用蕾丝进行整体的布局，同时，借鉴了中国传统戏曲的额妆造型来塑造人物形象。中式传统的额妆与西式传统的蕾丝相互结合，用中国的传统文化去碰撞西方的传统经典，用保守的观念去碰

图 2-2-1　李少红版《红楼梦》服装中蕾丝的运用　图片来源于影片截图

————————————
① 电视剧《红楼梦》，2010年出品。导演：李少红，美术设计：叶锦添。

撞暴露的形态，将两种对立组合在一起，是对服饰造型的一次彻底的变革与颠覆（图 2-2-1）。

　　浮雕与镂空是用单一的形式创造复杂的形态，通过简单的操作使服饰造型或者服饰肌理装饰达到出其不意的效果。新时代出现的各种新型工艺、新型材料为各种浮雕镂空造型的产生提供了更加多样的可能。设计师运用这些新型工艺或者新型材料进行服饰造型的创作，甚至是运用新型工艺对传统材料进行突破性的再造，使得传统材料出现前所未有的全新效果。丰富的材料应用、多样化的造型工艺让浮雕与镂空给服饰造型带来最大化的革新与颠覆。

三、对人物内在性格特征的最大化强调和突显

　　设计师对于表演服饰中浮雕与镂空的运用紧紧围绕表演人物的性格特征展开，通过各种造型手法进行服饰造型或服饰附加装饰的浮凸或者透空肌理的塑造，使服饰外观的层次感、立体感、空间感更加强烈，同时也让服饰外观形态、服饰装饰更加鲜明。我们可以进行一下设想，如果表演服饰外观没有经过这种层次、空间、虚实的处理，可能会产生单一、沉闷、拥堵的感觉。而浮雕与镂空造型手法很好地解决了这一问题，不但最大化地满足了观众的视觉感受，而且通过服饰外观的肌理塑造以及辅助装饰最大化地强调了表演角色的性格特征以及设计师的主观情感宣泄。

　　表演服饰造型最主要的目的就是完成表演人物的性格化塑造。设计师在进行创作的时候就将此作为第一要素，同时兼顾整体的表演视觉效果，以服装的视觉中心部位展开浮雕与镂空手段的运用。比如要塑造女性角色的性感、妩媚等特点，可以在服装的背部进行镂空处理，通过部分裸露使皮肤若隐若现，强调女性性感、妩媚的形象。也可以在胸部位置进行粘贴亮钻、熨烫褶皱、拼贴镂空材料等添加浮凸装饰物或塑造浮凸肌理的处理。胸部和背部都是服装中的重点装饰区域，代表着女性特有的性感语言，对其进行浮雕或镂空肌理的塑造能够最大化地形成服饰的视觉重心，强调出人物的性格特征。

又如要塑造角色强壮威武的特征，可以在最能突显体形轮廓的肩部做浮雕或者镂空的处理。利用各种填充材料或者通过粘衬、浆化的方式对肩部进行立体的填充和立体的轮廓塑型，使其在正常人体结构之上形成强烈的浮凸肌理效果。除此之外，还可以选择浮雕与镂空相互结合的形式，对已经成型的肩部立体轮廓做镂空的处理，这样不但保留了凸起轮廓体现的力量感，同时镂空的风貌又起到了很好的装饰美化的效果。除了将肩部作为塑造体现的重心之外，还可以选择头饰作为创作的重要部位，通过头饰整体的廓形及头饰表面的浮雕镂空纹样来突出角色的性格特征。一般情况下，头饰与人体的面部是最容易吸引观众视线的地方，头饰中不同的纹样及造型可以将人物性格更为强烈地表达出来。在中央戏剧学院首届麒麟杯人物造型设计大赛中，宋琳的人物造型作品《麦克白》中麦克白夫人一角，其人物内心邪恶与阴暗的特征就是通过头上的皇冠来表现的。皇冠的整体形态与常规的造型有很大区别，通过支撑龙骨的塑造使其呈现出蛇状的修长弯曲的造型，同时整体侧面造型接近于尖锐的三角廓形（图 2-2-2 见彩插）。这也很好地诠释了剧中的一句台词的描述："让人家瞧您像一朵纯洁的花朵，可是花瓣底下却有一条毒蛇潜伏。"通过浮雕状的弯曲纹样处理强化了麦克白夫人毒蛇一样的性格，同时这种扭曲盘旋的曲线造型搭配被塑型拉长的脸型、细细的眉毛以及异常夸张的长发，处处透露给观众阴险、邪恶的感觉，最大化地凸显了角色的性格化特征，强化了舞台视觉效果。

总的来看，设计师通过浮雕与镂空造型方式对表演服饰的廓形、服装主体、服饰配饰等进行整体的塑造与装饰，使得服饰的造型、纹样、图案变得异常丰满、鲜活，在丰富舞台视觉效果的同时，又最大化地强调出人物的性格特征，贴切地表达了作品主题甚至是传递出设计师的主观情感宣泄。同时，通过精湛技艺完成的浮雕与镂空造型丰富了服饰中的每一寸形态语言，大大提升了服饰作品的艺术观赏性，满足了现代观众越来越苛刻的审美需求。

四、对服饰造型工艺的扩充

随着科技的进步，新型材料的研发，浮雕与镂空的造型工艺也随之不断被创造，这些多样化的造型工艺为表演服饰造型中浮雕镂空肌理效果的塑造起到举足轻重的作用。传统服饰中的刺绣、珠绣、镶边、盘花、编织等造型工艺为表演服饰造型中浮雕与镂空的应用提供了非常丰富的素材资源，浮雕与镂空的运用不但可以从这些传统服饰的造型技艺中进行传承和借鉴，还可以在此基础上做进一步的延续与拓展。针对现代服饰创作的新理念、新造型、新材料，设计师进行了大量的浮雕与镂空工艺的探索和尝试，在呈现出极致的表演视觉效果、强化出人物性格的同时，浮雕与镂空的工艺形式也在设计师的不断探索和实验中得到最大化的扩充。

在北京电影学院青岛分院的西洋裙教学汇报展演中，学生们发挥了超级丰富的想象，将西欧传统的西洋裙造型进行了现代化的演绎，运用各种非常规的服饰造型手段，将服饰造型中浮雕与镂空的造型形态最大化地呈现于观众面前。在具体的制作与体现的过程中，设计师们对常规的工艺方式进行了借鉴，同时，限于制作周期以及制作成本的考虑，又对许多常规的工艺方式进行了更新，用了许多小手工的技巧来完成最终的浮雕与镂空效果的呈现。这次的展演作品中浮雕与镂空造型及肌理的塑造基本全是依靠手工制作的方式完成，在没有借助任何现代化工艺方式的前提下，通过各种制作手段的巧妙运用实现了服饰中浮雕镂空的肌理效果塑造。尽管最终整体的制作工艺略显粗糙，但是这种大胆的试验和尝试仍然对表演服饰造型工艺的拓展起到了一定的推动作用。如在现代创意服装展示及服装发布秀场中，服饰表面出现的立体几何形的塑造一般会借助新型的工艺技术来实现。可以利用先进的 3D 打印技术建模并将这种立体廓形完整地打印出来，也可以通过高温塑型的方式对服饰材料进行立体廓形的施压塑造。在本次服饰展演作品中，王艳如同学的作品在上衣部分就设计了大量的几何块面浮凸造型。根据其设计构思，要在一块完整的常规缎面材料上面进行多个大小不一的方块构造，显然，3D

打印及高温施压的方式都不适合于这种材料的呈现。在最初的制作试验环节，该同学是先在服装底部熨烫厚的硬衬，通过粘衬改变材料硬度的方法进行立体塑型。粘衬后材料的硬度得到很大的改变，更加便于之后的立体塑型，将这种具有厚度的缎面材料分解裁剪成小片，然后再将其缝合成立体的方块造型。但是当把这种复合材料拼合后发现其塑造的立体方块的棱角部位不够硬朗，缝合后的方块局部也因为体积过大出现塌陷的情况。综合这些不利因素，该同学放弃了粘烫厚衬立体塑型的办法。经过反复的工艺试验，发现硬纸板拼合可以呈现坚硬挺阔的几何效果。于是就将硬纸板作为服饰浮凸效果的基础依托，利用白色乳胶黏合的特性将硬纸板与布料拼合并将其吹干，这样就得到了比熨烫厚衬更为坚实的效果。通过硬纸板的支撑以及白乳胶的固定黏合将服装表面的浮凸造型完美地呈现出来。除了服装中这种立体几何体的非常规工艺化塑造，在出现的多款不同形制的裙撑造型中也采用了各种趣味性的全新制作方式。常规状态下的裙撑多选择藤条或鱼骨进行支撑，但是这种支撑的造型效果较为工整。在本次展演的多套异形的裙撑造型中，同学们尝试了使用铁丝、钢圈以及缠绕麻绳的方式，用铁丝和钢圈搭配更容易控制裙撑整体的廓形，通过麻绳的缠绕又可以把铁丝与钢圈的交叠部位进行整体的加固。这样经过手工麻绳缠绕以及铁丝、钢圈的弯折就塑造出形态各异的裙撑造型。本次的服装展演仅是学生的一次作业训练，为了追求服装造型中形态各异、造型夸张的浮雕与镂空形式，学生们做了大量的试验和尝试。在限制性的条件下，通过各种看似简单的手工操作和普通的常规材料完成了服饰外观肌理的塑造和呈现。通过对不同制作工艺的完美借鉴与转换，使得服饰造型的工艺方式更加的简单与灵活，也让服饰制作的过程变得更加的生动和有趣，相信这种"接地气"的工艺方式能够延续出更多样精彩的浮雕与镂空造型方法，塑造出更多繁复多变的表演服饰造型形态。

第三章
表演服饰中浮雕与镂空的灵感来源与创意依托

第一节　表演服饰中浮雕与镂空的灵感来源

一、灵感搜集的素材基地——自然物态

自然界一直是设计师进行灵感搜集的最为丰富的素材基地，也是最能够刺激和激发设计师想象力和创造力的地方。大自然的鬼斧神工使得自然界中的天空、彩虹、山川、河流、海洋、田野、树木、雨、雪、蚊虫、蚂蚁、小鱼等不同的物态呈现出各种天然的肌理效果和丰富的层次，这些不同的自然造型都是进行浮雕与镂空创作的最好的临摹对象。比如浪花的层层高低对比以及卷曲的轮廓形态形成了天然的立体效果；蛛网的织造形态及蛛丝的布局呈现出规则的镂空效果；岩石和贝壳呈现出天然的凹凸起伏的褶皱状肌理。另外还有梯田高高低低形成的阶梯式轮廓；雪的绵软质感呈现的蓬松厚实的效果；蝴蝶的翅膀纹样呈现出韵律的节奏美感，等等。在这些随处可见、随时可以浮现在脑海里的自然物态中，我们甚至可以发现许多与其类似的服饰廓形或服饰装饰形态。像 18 世纪西方的洛可可时期，人们装饰在领口、袖口等边缘轮廓的蕾丝花边，用多层长短不一的形态进行装饰，随着人们的行走和活动，这些蕾丝花边就摇曳摆动，其形态与动态的浪花形态完美契合。如果说蕾丝花边与海浪邂逅是个偶然的巧合，那么意大利设计师艾尔莎·夏帕瑞丽（Elsa Schiaparelli）的名作"贝壳礼服裙"则是刻意为之。这件以

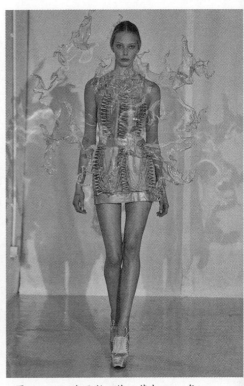

图 3-1-1　艾尔莎·夏帕瑞丽以贝壳为
灵感设计的礼服裙　图片来源于作者收藏

图 3-1-2　艾里斯·范·荷本 2011 年
秋冬高定发布会以水花飞溅为灵感的
服装　图片来源于作者收藏

贝壳为灵感的服饰造型（图 3-1-1），巧妙地借鉴了贝壳的轮廓造型及贝壳
上凹凸起伏的肌理风貌，用服装材料将自然界中的贝壳完整地进行了还原。
通过高度还原的贝壳扇状造型、凹凸褶皱状起伏以及在人体之上的合理布
局，使得最终的贝壳裙充满了戏剧性和趣味性。另一位荷兰女设计师艾里
斯·范·荷本（Iris van Herpen）同样擅长从自然界的素材中去提取灵感，
寻找自然物态中存在各种肌理风貌。在她的表演服饰展示作品中，汇集了大
量的以自然界为灵感的服饰廓形和服饰肌理装饰。如服装中蟒蛇缠绕式的造
型、与珊瑚礁外观一致的裙摆、白色镂空的骨骼装、鱼鳞状的服装装饰物，
甚至是浪花飞溅的瞬间也被呈现在了服饰造型中（图 3-1-2）。

　　除了国外设计师从自然界中寻找灵感塑造服饰肌理效果以及服饰外观形态的典型案例外，国内设计师进行主观情感表达的时候，也往往从身边最为普通的自然物态中寻找灵感。在中央戏剧学院舞台人物造型展中，李青、赵囡囡的服装作品《雪》就是以雪为灵感，用观众能够产生情感共鸣的物态雪来展开服饰造型的设计与创作。首先搜集了有关雪的主要特征：蓬松、绵软、层层叠叠。设计师抓住了雪的物态特征，设计出两套协调又有所不同的服饰作品，用两组不同特征的浮雕肌理来体现雪的蓬松、绵软及层层叠叠的效果。为了营造雪的洁白无瑕和晶莹剔透的效果，服饰整体的面料都选择了白色的缎面材料。第一套服装借鉴了雪的蓬松、绵软的物态特征，采用棉花作为填充材料塑造蓬松的服饰外轮廓，体现雪的体积和质感；第二套服装则借鉴了雪的层层叠叠的物态特征，通过多层的面料堆积来体现雪的层叠的堆积效果。两套服装通过棉花塑型与面料堆积完成了服饰的浮雕化塑造，同时也很好地表达了雪的自然意境。

　　以上这些不同的服装造型呈现的浮雕与镂空效果，都是借鉴了自然物态的外表形态或是肌理风貌，运用现代的创意理念以及各种工艺手段，使其流露出强烈的自然界的生命力量。这些来自自然界的不同物态元素及塑造呈现出的最终效果，更容易让观众从自然界中找到共鸣，也更容易生动自然地表现出服饰作品的艺术效果。

　　总的来看，设计师在进行表演服饰设计的时候，大多数的创作灵感就来源于身边的自然物态，利用自然物态的丰富肌理及外在形态特征完成服饰肌理及服饰外观的浮雕镂空塑造。这种浮雕与镂空的造型方式有时候是对自然物态进行直接的模仿，有时候是在自然物态的基础上进行整理、分析与提取，借助于自然物态的灵感刺激给予服饰中浮雕与镂空以全新的外观风貌。

二、灵感转化实现的素材基地——人造物态

除了大自然赋予我们的多姿多彩的自然物态，我们在人类文明不断发展的历史进程中也创造出雕塑、建筑、工艺品、艺术收藏品等各种极具欣赏性和艺术性的人造物态。这些人造物态是人类文明与智慧的结晶，体现着各个不同历史阶段的文化与艺术，不但提供给我们形态各异的造型形式，也提供了许多成熟的工艺技法以及装饰手段。设计师从这些不同的人造物态的浮雕与镂空造型方式以及装饰风格中去学习和借鉴，可以为表演服饰的创作提供更多的方法和指导。比如，在有关雕塑和建筑的创作中，自古以来就存在大量的浮雕与镂空造型方式的运用，设计师可以对这些不同的创作手段加以整合与分析，将之转化为表演服饰造型设计的特有表现技法。传统的雕塑艺术在题材内容、表现风格、选择材料以及造型技法上都具有鲜明的民族特色以及时代特色。例如以浮雕为主要造型技艺的汉代画像石，包含了阴线刻、凹面刻、减地平面刻等多种不同的雕刻技法，每一种不同的技法又各具特色，形成的肌理效果也大不相同。这些不同的雕刻技法和表现效果为现代雕塑艺术以及其他相关门类的艺术创作做了很好的铺垫。

现代表演服饰中大量的浮雕镂空造型形态及肌理装饰也可以直接借鉴这些传统的工艺表现方式。如前文提到的EVA泡沫板，质地坚实细密且接近于雕塑用的石、泥、木等材料，通过各种雕刻手段的运用完全可以实现与雕塑材料一致的效果，这种类似雕塑的表现形式在各类表演创意服饰中被大量应用。除了雕塑艺术中的应用，在各类建筑物态中同样存在大量的浮雕与镂空的运用。建筑中的浮雕与镂空一般都依附于建筑的空间上，以装饰性为主要目的，有时也兼具一部分实用功能。现存于世的湖南岳阳楼，其门窗、栏杆、楼梯等不同的建筑构件中都存在着大量经典的浮雕与镂空造型方式的运用。如镂空雕饰的门窗，不但可以通风及采光，其繁复精美的镂空纹样也极大地提升了门窗整体的装饰美化效果。此外，还有楼梯、栏杆、木构架等不同的附属构建也都运用了大量的浮雕与镂空技法，呈现出各种奇花异草、珍禽异

兽、民间故事等不同的雕刻内容。

设计师不但可以对这些不同的建筑物构建进行技法的借鉴,同时也可以运用其丰富纹样图案的隐喻含义表达表演剧目人物的不同身份、性格等特征。在室内装饰方面,人们同样延续了与岳阳楼建筑一致的装饰法则,通过浮雕镂空的造型来装饰和美化室内的环境。如传统的中式镂空屏风,其上往往布满具有美好寓意的纹样图案,通过各种雕刻技法使其呈现浮雕和镂空的效果。繁复精美的纹样图案不但最大程度上提升了屏风的室内装饰效果,同时镂空掉的部分也让室内空间更具采光性和通透性,在光影的衬托下,大大增加了镂空屏风视觉上的审美效果以及艺术上的灵动效果。在诸多表演服饰造型的头饰设计与制作体现中就利用了与屏风手法一致的浮雕镂空造型方式,尤其是镂空手法的运用让头饰的自重大大减轻,在丰富表演视觉效果的同时又最大化地方便了演员的表演。

总体来看,自然物态中千变万化的造型形态为表演服饰浮雕与镂空的运用提供了大量的灵感素材,设计师可以从中进行合理的筛选,将最符合表演人物性格特征或最能表达设计师主观情感的素材进行合理的转化与应用,使之呈现于服饰造型之上。这种与自然呼应的肌理风貌也往往能够引起观者的情感共鸣,呈现出更为生动立体的服饰艺术效果。人造物态包含了人类的智慧和文明,其技艺性、艺术性丰富了表演服饰中浮雕与镂空的造型手段和装饰法则。不同人造物态中浮雕与镂空造型技艺与装饰方法的巧妙精湛的运用,给设计师提供了大量可借鉴参考的模板,为表演服饰创作的实现提供了真实可靠的方向和引导。

第二节　表演服饰中浮雕与镂空的创意依托

一、以不同的表演类型开展创意

表演服饰造型的设计与体现受到不同表演类型的限制和影响。我们在表演服饰中进行浮雕与镂空造型与装饰的同时，要充分考虑表演的不同类型，根据其不同的题材、内容、风格等不同特点开展创意。

不同的表演类型其资金投入、制作周期、演出风格等因素各不相同，这也决定了浮雕与镂空在服饰中的装饰部位、体现技艺、构成方式等也会各有不同，因此在对表演服饰进行浮雕与镂空运用的时候，要充分考虑这些不同的客观因素。如T台表演和现代戏中的服装造型多与时下的流行资讯接轨，更加具有时尚前瞻性，甚至某些浮雕镂空效果的实现经常借助先进的科技手段。这类表演题材有时会借助特殊材料以及3D打印技术来完成服饰的整体塑造，不但使得浮雕与镂空的造型丰富性大大提升，同时也使得其造型得到极致化呈现，更好地满足现代观众的审美需求。

综艺类节目制作周期一般较短，节奏较快，无法实现服饰的精致化塑造，为了增强服饰的舞台视觉效果，有时候会运用拼贴、粘贴或者剪切的方式快速完成浮雕与镂空的肌理造型效果；古装类表演题材服饰造型多以历史为依据，服饰造型中对于浮雕与镂空造型方式的运用多以传统服饰为模本，在传统材料、工艺的基础上进行适度的设计与创新；魔幻类题材剧目则重点强调

"魔幻"，表演题材不受年代、地域、服装款式等的限制，因此多用创造的方式去考虑，服装造型中浮雕与镂空造型方式多用夸张、变形的方式去展开，使观众能够通过服饰中浮雕与镂空的塑造感知虚构的世界、虚构的人物。

为了更好地说明设计师在不同的表演类型中对于浮雕与镂空的不同运用方式，下面即以综艺节目真人秀《跨界歌王》和魔幻电视剧《朝歌》为例，进行详细的阐述。

1. 综艺节目《跨界歌王》

在笔者担任服饰造型设计的真人秀《跨界歌王》第一季[①]中，根据其节目的定位及特点，对服饰中浮雕与镂空造型方式的运用进行了一次尝试。

关于《跨界歌王》的节目定位及特点

《跨界歌王》是 2016 年北京卫视推出的现象级大型明星跨界音乐节目，节目每期都有六名明星嘉宾选择曲目进行演唱，而且根据不同的曲目定位，每位嘉宾携带舞群进行音乐剧形式的表演。节目新颖的形式以及诸多一线影视明星的加盟，一经播出就掀起了收视热潮。笔者根据节目的表演定位、曲目风格等进行了一系列服饰造型方面的改良，其中根据本次栏目的特点和定位，对浮雕与镂空造型方法进行了一次新的尝试。

根据导演的总体规划与阐述，《跨界歌王》是以音乐剧的形式展开的，每一个节目都是一部以艺人及舞群共同配合完成的不同音乐剧作品的塑造。该栏目总共为 13 期，根据艺人的档期以及电视台的总体设置，需要在两个半月的时间内完成所有节目的录制。每一期栏目由六名艺人带领配合的舞群完成音乐剧形式的表演。每一次录制连录两期，每期录制需要两天，包括彩排与正式录制。录制的客观条件决定了时间的紧迫性和服饰设计前所未有的挑战性。

---

① 真人秀《跨界歌王》第一季：2016 年在北京卫视播出 。总导演：陈伟、马宏，舞美制作总监：段胜涛，造型总监：张婷婷，服装设计：田乐乐，化妆设计：杜鹃 。

第一，平均每六天时间要完成 12 套艺人的服饰设计与制作以及近 120 套舞群的服饰筹备与制作。

第二，由于艺人的档期原因，几乎没有常规条件下的试装环节。

第三，真人秀录制的不确定性，经常临时更换演唱曲目及表演服装。

以上种种客观条件让服饰设计工作变得举步维艰。如何保证在短时间内完成服装的全部制作并满足节目的正常录制？如何让服装在电视镜头前取得丰富的视觉效果并满足观众的审美情趣？种种这些都成为亟待解决的问题。

《跨界歌王》服饰造型中浮雕与镂空造型方式的特点

《跨界歌王》栏目的客观限制条件决定了服饰创作不能像平常一样面面俱到，一定要寻找到最便捷的设计与体现的方式，同时又要取得最理想的视觉表现效果。通过仔细研究，笔者决定将整体的服饰造型做极简化处理，模糊一定的时代感、地域感，摒弃尽可能多的细节装饰，这样可以最大化地保证在有限的时间内完成大体量服饰制作任务。在一部分现代服饰中，女性艺人尽可能多的倾向于镂空织物材料的直接使用，通过镂空织物的不同透空图形、颜色等来表现不同的服装风格，最大化地丰富服饰的肌理效果；另一部分具有年代感、地域性或者是特殊效果的服饰造型，尽可能摒弃传统的装饰工艺，通过粘贴等手段快速实现服饰外观的空间与层次的肌理塑造，进而增强整体服饰的视觉表现效果。总体来看，本次服饰造型设计中浮雕与镂空的应用特点主要表现为：镂空材料的直接使用与粘贴式浮雕肌理感的塑造。

《跨界歌王》第一季第 5 期中，演员郭涛选择的歌曲是新疆哈萨克族的民歌《可爱的一朵玫瑰花》，根据导演要求，整体服饰造型的处理要偏向于写实且能够体现出哈萨克族的民族特色。笔者在搜集了哈萨克族的传统纹饰后，放弃了传统耗时耗力的刺绣装饰工艺，选取了不同造型的纹样贴片，通过高温熨烫的形式并按照哈萨克族传统服饰纹样的布局粘贴在大廓形的哈萨克族外袍上面，快速实现了服饰造型的浅浮雕肌理效果。这种粘贴式的处理手段在电视镜头前可以呈现出与刺绣一致的肌理效果。

在《跨界歌王》第一季第 6 期小沈阳的歌曲《情怨》中，笔者采用了相同的处理方式，为了快速实现服饰中的肌理塑造及形成一定的舞台视觉效果，用可粘贴式的纹样高温熨烫在素色的长袍上面，形成一定的浅浮雕效果。这种熨烫粘贴的处理方式其实是对于常规表演服饰中刺绣形式的转换与替代，可以快速实现"限定"模式下的浮雕肌理感的塑造，大大提高表演服饰的创作效率。但是跟传统的刺绣工艺相比，它也有一定的局限性：首先，可选择的纹样图案有限，现有的纹样图案往往无法满足设计师对于多样化造型的需求。在实施过程中，要根据现有能得到的纹样图案进行具体的剪切、拼贴的组合。本次选择的纹样在进行具体的组合排列时经过多次繁复尝试，最后通过剪碎再拼合的方式才达到较为满意的程度。其次，黏合性纹样对选择的基底附着材料有一定的要求，同样的贴片纹样在不同的基底材料上黏合的牢固性有很大区别。如果服装基底布料细密度及光滑度不够，贴片就很难与其黏合牢固，为了避免这些情况的发生，就需要提前对基底材料的特性做出了解和判断。再次，设计师在使用这种熨烫纹样贴片的时候，还要考虑到表演场次的问题。像本次的真人秀录制节奏较快、服装使用时间较短，对于服装的损耗较小，因此可以使用这种熨烫粘贴的快速肌理塑造方式。

在儿童剧《白雪公主》中，因为其制作周期、经费等方面的限制，皇后一角的服装同样用到了这种贴片熨烫的方式。但是为了避免演出过程中出现贴片开胶或者脱落等演出事故的发生，这些贴片熨烫的部位要事先进行边缘的缝合固定，这样既可以节省制作时间和成本，同时在远距离的观演范围下也最大化地保证了演出的效果。如果是针对电影或电视剧中主要角色的服装造型，那么就要慎重选择这种贴片熨烫的浮雕感造型方式，设计师要尽可能的预先跟制片方、导演等各个部门去协商制作的周期、经费等细节问题，以做到万无一失。

总的来看，通过熨烫粘贴的方式去塑造浅浮雕的服饰肌理效果对于时间紧迫又需强调一定视觉效果的服饰造型具有一定的适用性。如果是一部戏剧作品的演出或者是电影电视剧的拍摄，演出的场次和服装的使用频率较高，那这些粘贴的纹样就会有开胶的风险，这些是设计师需要考虑的环节。

2. 魔幻电视剧《朝歌》

《朝歌》①是一部史诗级的魔幻类电视剧，因为其表演题材添加了一定的"魔幻"元素，其服饰中的浮雕与镂空造型方式与《跨界歌王》相较，表现出两种截然不同的形态。

电视剧《朝歌》的定位及特点

《朝歌》自筹备开始，就特意聘请了历史专家从考古、古文等角度打磨剧中的每一个细节，通过研究史料及文献记载，最大化地还原历史的真实性。作为一部神话题材的历史剧，其表演题材的特性决定了它可以有新奇的思维和创新的意识，服饰造型可以用前瞻的方式去考虑。既有当下的发展，使观众能够通过服饰的塑造感知虚构的世界、虚构的人物，同时还可以从大量写实的造型及纹饰中感受到历史的真实性。总的来说，电视剧《朝歌》筹备周期长，资金投入大，对舞美的各个环节要求精致，既要还原历史的真实，又要有一定的创新性和足够的视觉表现力。

《朝歌》服饰造型中浮雕镂空造型方式的特点

《朝歌》服饰造型设计参考了历史专家意见，通过殷商出土文物进行参考研究，根据文献记载，"殷人尚白，周人尚赤"，结合考古发现的大量黑色或红色实物证据，将服装整体色彩基调定为黑、白、红三色；在服饰材质选择方面，也根据出土或有关文献记载，选择丝、麻、皮革等材质在服装上进行应用；服饰纹样方面，参考殷商时期流行的纹饰：饕餮纹、夔龙纹等，在最大化还原历史的基础上，用浮雕与镂空的手段对这个时期的纹样进行了极致化的处理。该剧服装总量达到 2000 套，配件总数达到上百件，敲铜饰品与发冠也达到上百件。此外，服装上做了大量的筒金绣，并且专门从印度

---

① 电视剧《朝歌》，导演：李达超，美术设计：星汉，造型设计：何茜。

图 3-2-1　电视剧《朝歌》中主角
帝辛服饰造型　造型设计：何茜，
图片来源于视频截图

定制，其立体造型及金属质感在与服装主体面料碰撞组合后形成了极致化的浮雕效果。在主角帝辛服饰造型中，采用皮革为主要材料，胸前的兽面纹、肩膀的龙纹都用极强的浮雕形式将中国纹样元素表达得淋漓尽致。（图 3-2-1）此外，剧中大量的头冠及发饰也是从印度专门定做，极致繁密的浮雕镂空纹样成为该剧最大的亮点。《朝歌》的表演题材、筹备周期、制作预算、导演规划等决定了服饰创作的整体方向，也使得浮雕与镂空造型方式在这种客观因素下得以极致化的实施。

整体来看，表演服饰中浮雕与镂空的运用要以不同的表演类型为依托，充分考虑不同的表演题材、表演内容、表演风格等客观因素的制约和影响，因地制宜地开展服饰造型的设计与创作。如果我们脱离开不同表演类型各种客观因素的束缚，不假思索地将面料再造成半立体浮雕效果、进行无意识的重复堆砌或者对其进行无章法的剪切镂空，这样形成的表演服饰作品不能称之为艺术。同样是进行现代服饰的创作，T 台秀场与现代戏服饰造型中浮雕与镂空造型方式就有很大不同：T 台表演的服饰造型可以无拘无束地发挥设计师的主观想象力与创造力，大胆的使用前卫的浮雕或者镂空造型方法，比如先进的 3D 打印技术或者是新型的科技感材料；相较而言，现代戏中服饰造型的浮雕与镂空就相对保守的多，设计师要考虑剧本、人物性格、观众审美等不同因素的影响。可能会在服饰局部运用刺绣的装饰方式，也可能会选择蕾丝材质的服装或者配饰，又或者是运用各种工艺技法对服饰外观进行肌理塑造及装饰的添加等。可见，表演服饰造型中浮雕与镂空造型方式的运用都紧紧围绕剧中人物展开，同时还要兼顾现代社会的流行趋势和观众的审美情趣。

同样是古装类题材的服饰造型塑造，影视剧和舞台剧又有不同：影视要考虑到镜头下高清的细节呈现，舞台却要考虑到舞台与观众之间的观演距离。如若同样用刺绣的手法营造服饰中的浮雕效果，那么影视特写镜头下这种处理无可厚非，但要是放在大剧场的舞台中这样的浮雕效果就显得相对无力了。又如前面提到的电视综艺真人秀《跨界歌王》，同样是通过电视媒介来播出，也同样会通过高清镜头放大服饰造型的细节。但是出于制作周期和制作经费的考虑，就不能用影视的方式来塑造服饰中的浮雕或者镂空效果，要在此进行浮雕或者镂空造型手法的运用，就要充分考虑节目的制作周期和经费预算等问题。可见，不同的演出类型具有不同的特点，对浮雕或者镂空造型方式进行运用的时候要依据这些具体的问题和不同的特点因地制宜地展开，以表演题材为依托，在此基础之上开展浮雕与镂空的创作工作。

二、以材料的自然属性开展创意

材料是设计的灵魂，是设计师进行设计创作的重要载体，通过材料可以将各种具象或抽象的思维情感转化为真实的视觉性语言。表演服饰造型中的材料是传递人物身份、塑造人物性格、呈现表演风格、传递设计师主观情感的重要媒介，同时也是呈现服饰中浮雕与镂空肌理效果的唯一载体。材料在表演服饰中主要通过两种方式来进行，一种是利用材料原本的风貌，另外一种是利用各种造型工艺使材料最大限度发挥出装饰的特性。现代文明与科学技术的进步宽泛了不同门类艺术间的相互融合，使可用来制作体现服饰的材料变得更加丰富多样。这些多元化的材料各有着不同的肌理、不同的属性特征以及不同的加工工艺，设计师在进行浮雕与镂空运用的时候，需要充分考虑到这些不同材料的自然属性并充分利用这些不同的属性特点完成浮雕与镂空的肌理塑造以及表演人物的身份、性格等的塑造。

不同的服饰材料会带给人们不同的视觉和情感特质，尤其是表演服饰材料在表演灯光的配合下可以产生不同的效果。比如金、银等贵金属，质地平滑，肌理细腻，反光效果较强，再加之其自身就价格昂贵，可以很容易让人们产生明亮华丽的感觉、反映出穿戴者的社会地位以及职业身份等信息；天然的棉、麻、亚麻等材质，肌理较粗糙，吸光性好，反光性差，可以体现出厚重、质朴、沉稳的特点，比较适合表现朴实寻常的百姓服饰；丝绸、宝石、人造珠宝等在灯光下可以产生比较强的光泽感，比较适合表现富贵、权势的人物服饰。设计师通过这些材料的自身属性特点去激发浮雕与镂空造型方式的创意灵感，寻找到最适合材质本身和符合不同表演类型的浮雕或镂空的造型方式或者装饰方法。

根据表演服饰造型创作的规律，在一般情况下，我们常用的服饰材料多做以下几种浮雕或镂空造型处理。

1. 金属材质

表演服饰造型中常用的金属材质主要有金、银、铜、铁等。这些金属材料一般多用于服装局部装饰、服饰配件、头饰等小体积的塑造中，可以让服饰作品产生金属制品特有的光泽感，呈现出精致的浮雕与镂空形态。

金、银是生活中人们佩戴的耳钉、耳环、项链、手镯等各种首饰制品的重要材质。它们具有较好的物理延展性，遇到高温可以很快融化，综合这些特点，通过传统手工工艺或者现代化的加工技艺可以使其呈现出镂空、浮雕或者镂空浮雕相结合的造型形态。金、银饰品因为其自身的造价相对昂贵，在传统服饰造型中，可以反映出佩戴者的权势、地位等隐喻特征。我们在现今的古装类影视剧中，都可以看到大量的金、银材质的浮雕与镂空头饰，这些金银材料不但可以塑造出佩戴者的身份等级信息，同时其良好的物理特性也使得浮雕与镂空造型可以完美精致地呈现。如电影《满城尽带黄金甲》[①]中王后与王的头饰以及服装上的纹样装饰都完全用金来体现，通过浮雕与镂空的手段将金打造成各种造型。用不同的浮雕镂空造型将王、王后的身份信息很好地区分开来，同时也利用金的材料属性强调了电影的整体基调和整体风格（图 3-2-2，见文前彩插）。

　　与金、银等贵金属相比，铜及其合金制品同样具有很强的延展性，但是它的硬度比金、银更高，而且价格较金、银更有优势，所以在饰物制作中也占有很大一部分比例。纯铜常常被运用到现代饰物的制作当中，它的表面颜色呈现出淡紫红色，熔点为 1084℃，表面经过特殊工艺处理后，可以呈现出丰富的色泽与肌理效果。纯铜材质产量较小、熔点较高，因此一般都加入其他金属材料合铸成铜的合金。加入合金之后铜的使用率大大提高，如加入锡的青铜，熔点降低，但塑造成型后的质地却更为坚硬。通过铸造法铜合金可以得到造型繁复的浮雕或者镂空饰品。此外，铜制品因为容易受到空气中水分、氧气、二氧化碳的作用而被腐蚀，生成由氧化物和碳酸盐等化学成分组成的铜绿，呈现斑驳沧桑的色彩肌理，能够使作品充满历史凝重感。铁比铜的质地更为坚硬，易于脆裂，延展性相对较差，大多数时候以高温融化的方式浇铸形成浮雕镂空的效果。纯铁暴露在空气中比铜更容易氧化和锈蚀，氧化后铁质表层容易发黑，因此铁质饰物一般都通过镀金或者镀银的处理来加强造型的美观度。

2. 宝石、亮钻、亮片、珍珠等颗粒状辅料装饰

　　宝石、亮钻、亮片、珍珠等颗粒状辅料具备天然的反光效果，根据它们自身的大小、形态、光泽度等不同特点，可以用来强调服饰的纹样图案、服

---

① 电影《满城尽带黄金甲》，2006 年上映，第 79 届奥斯卡最佳服装设计奖提名。导演：张艺谋，艺术指导：霍霆霄，服装设计：奚仲文。

饰轮廓的边缘线或者将其附着于服装、服装配件以及首饰的表面，通过堆砌、缝缀等各种不同的造型手法使附着了颗粒装饰的材料表面形成一定的浮雕效果，强调出表演人物的身份、背景、职业等不同的信息。如服饰中通过珍珠的点缀可以装饰出穿着者优雅的效果；宝石的运用可以突显穿着者显赫的权势和地位；金属钉、金属气眼等具有很强的现代气息，可以传递出穿着者热情洋溢的状态。除上述具备一定反光效果的颗粒状装饰辅料之外，塑料、沙石等哑光材质的颗粒状辅料也可以运用到表演服饰造型的创作之中来呈现浮雕效果，通过其特殊的材质肌理表现某些特殊的表演人物造型或者表达设计师的主观设计情感。

设计师在对这些装饰辅料进行运用的时候，会充分考虑到不同材料的属性特点，利用材质的固有属性特征去完成表演服饰的肌理塑造。这里要特别强调的是，由于天然宝石、珍珠等材料的成本价格较高，设计师在多数情况下会选择合成品进行替代。现在市场上有多样化的人工合成宝石可以选择，比如亚克力钻，这种钻不但质轻，而且可以通过煮染达到任意想要的色彩效果；还有人工压制的珍珠、蜜蜡、松石等颗粒装饰，这些材料不但价格低廉，而且在外观、色泽上完全还原了真实材料的所有特征，给设计者提供了极大的便利。此外，我们也可以根据具体的客观需求寻找其他材料来替代这些价格昂贵的颗粒装饰。

在笔者担当化装造型设计的舞剧《圆梦》[①]中，其演出的特殊性决定了不能使用常规性的颗粒状辅料来完成头饰中浮雕效果的呈现。首先，常规材料均具有一定重量，这样大体量的重复堆砌必然给舞台表演者带来沉重的负担；其次，常规材料的大小、形状、色泽受舞台观演距离、舞台灯光等因素影响，呈现出的舞台效果与预期有很大出入。笔者曾经选择过市面上最大颗的人造蜜蜡进行头饰的浮雕肌理装饰，但是在试验之后仍然发现诸多问题：

---

① 歌舞剧《圆梦》，2015 年中国国家大剧院首演。导演：贾新民，舞蹈编导：殷梅，作曲：[德]克劳斯·巴德尔特 (klaus Badelt)，服装设计：谭莉敏，化装设计：田乐乐。

图 3-2-3　歌舞剧《圆梦》人物整体造型

　　首先，在大剧场的观演距离影响下，这种最大规格的蜜蜡仍然欠缺一定的体积感；其次，这种大规格的蜜蜡多为人工合成品，形态较为单一，无法满足丰富多样的造型需求；再次，受该剧目黄色表演光源的影响，黄色蜜蜡经过光源照射显得暗淡无光。另外，头饰上如若佩戴这样大量的合成蜜蜡会让舞台表演者负重累累。基于这些客观因素，舞剧《圆梦》头饰上浮雕凸起的蜜蜡、松石、天珠等颗粒宝石最后均采用泡沫、纸黏土等材料制作，并在最外层包裹白胚布，涂刷原子灰、亮漆等以达到以假乱真的效果（图 3-2-3）。这样制作的颗粒装饰辅料可以很好地控制大小、形状、色彩、重量，最大化的方便了演员的舞台表演。

　　可见，宝石、亮片、珍珠等颗粒状装饰大多具备较强的反光效果，设计师可以利用其不同的特点塑造表演人物富贵、华丽、高雅的形象。同时，根据表演的各种客观需求，设计师也可以选择价格低廉、外观与真实材料类似的人工合成品。甚至可以根据不同的表演需求寻找更为合适的材料来完成这些装饰辅料的制作。

3. 棉、麻等天然材料

棉、麻等天然材料自身质地粗糙，具有一定的朴实感，甚至有一些特殊织造的棉麻织物自身就具备一定的浮雕肌理感或呈现出透光的镂空感。表演服饰造型的浮雕与镂空效果可以通过这些棉、麻织物自带的肌理效果来实现，尤其是在电影或者电视的高清镜头下，这些棉、麻织物自带的浮雕与镂空效果显得更加细腻且生动。在大多数情况下，表演服饰造型中的棉、麻材质多做打褶处理，用规则或者无规则的褶饰来凸显棉麻材料的天然属性，强调它的朴实感与厚重感。比如中央戏剧学院演出的话剧《秦王政》中，服饰造型就运用了大量的粗糙质地的麻料，通过袖子、衣摆等处大量的堆褶处理来塑造整体服饰造型的厚重感。（图 3-2-4 见文前彩插）中戏演出的另外一部话剧《潘金莲》[①]的服饰造型中，设计师将天然的棉麻撕成条状或者将条状的棉麻打褶后在服装表面做附加处理，利用棉麻破损后形成的天然毛边及麻料叠加后形成的丰富层次来烘托整部剧的气氛。（图 3-2-5 见文前彩插）除了利用棉、麻材料天然的朴实感与厚重感以外，有时候为了塑造人物的贫穷与窘迫，我们也会对棉麻材质进行镂空处理，通过剪切、撕扯或者腐蚀的方法使棉麻材料形成一定的镂空效果，以强调穿着者的精神状态。在电影《西游降魔篇》中，唐僧一角在出场时状态比较窘迫，在服饰材料的选择上，是粗犷的棉麻材料，通过不规则的点状镂空处理来强调人物的窘迫感。

可见，棉麻材质具备天然的肌理效果，这种天然的质地形成了一定的朴实感与厚重感。在古代题材的表演服饰造型中，我们可以看到大量的棉麻材料的运用，通过棉麻天然的肌理效果或者是人为的堆褶及镂空处理，可以很

---

① 话剧《潘金莲》，2010 年中央戏剧学院北剧场首演。导演：陈刚，舞美设计：边文彤，服装设计：王彦、曹婷婷，化装设计：常慕群、冯樱。

好地呈现出历史的厚重感、沧桑感，甚至是体现出表演人物的生活境况，从而形成独特的表演视觉效果。

4. 丝、绸、纱等材质

丝、绸、纱等材质具有华丽、高雅、朦胧等不同的材质属性特点。在织造技艺上，这些材质都与上文提及的棉、麻材料有很大不同。棉、麻织物的原材料产量较大，织造工艺相对简单，简单的家庭半机械化操作就可以完成棉麻织物的织造；丝、绸、纱等织物的天然原材料产量较为稀少，织造的工艺又极其繁复，这些原因导致它的价格较为昂贵。对于这类材料，我们一般多在其表面做刺绣或者贴绣的装饰，通过精致细腻的工艺与装饰结合，更加突显出再造后面料的昂贵性。综合这些不同的属性特点，丝、绸、纱一般多适用于宫廷、富贵人家的衣着当中。

像古装题材剧目中的官员服饰，其整体的服饰造型就多选择绸缎类材料进行制作，胸前的补子用丝线来刺绣各种不同的精致细腻的纹样图案，以此形成凸起的浮雕肌理，不但增加了整体的表演视觉效果，同时补子上不同的纹样造型也显示了官级、权位的不同等级。在 T 台秀场中，郭培的高级定制时装发布会《一千零二夜》中的服饰造型也运用大量的丝绸来营造奢华、梦幻的效果。通过对丝绸类材料进行附和硬衬和高温定型的处理，使其具有很好的塑型感，对处理过后的丝绸材料进行大量的浮雕感褶皱肌理的处理，用褶皱形成的丰富层次以及丝绸材料的天然属性共同呈现出极其奢华的服饰效果。在中央戏剧学院人物造型展演中，胡磊的人物造型作品《莎乐美》主角莎乐美的服装造型就是通过大量的纱来堆砌出上半身浮雕般的肌理效果。利用纱质材料朦胧、迷幻的特征，通过反复堆叠出的上半身廓形，将莎乐美性感、美艳的人物特征表达得淋漓尽致。

综上可见，丝、绸、纱等材料因为原材料的产量稀少以及织造工艺繁复的特点，使其具备了高雅、华丽等不同的性格属性。设计师对其运用时可以根据不同的表演类型需求，在其上做刺绣、贴绣、褶皱等不同形式的处理，让经过再造处理后的丝、绸、纱等材料能够更加鲜明地强调出表演人物的身份、性格等特征。

5. 蕾丝、缂丝、泡泡纱等具有浮雕镂空肌理的材料及辅料

表演服饰造型所用到的面料中，有些会因为织造工艺的特殊而形成浮雕或镂空的肌理效果，如蕾丝面料的镂空肌理效果以及泡泡纱面料的浅浮雕肌理效果。还有一些具有浮雕或者镂空装饰的半成品辅料如刺绣贴片、浮雕镂空金属片、镂空花边等。

在进行表演服饰创作的过程中，设计师有时候会直接选择这些具有浮雕或镂空造型特点的面料作为服饰创作的主要材料，也有时会选择具有浮雕与镂空肌理的半成品辅料作为服装局部的添加性装饰。这些材料通常不需要后续的工艺完善或者是添加装饰的处理，大大节省了制作的时间成本。如带有亮片的服装材料，这种材料因为表面的亮片装饰而呈现出细微的浮凸肌理，加上亮片的反光效果往往能带来华丽、富贵的效果。在一些特定的表演类型或者表演角色中，可以直接将其作为服装的主体面料。如歌舞剧的表演服饰、综艺节目的表演服饰以及歌舞女形象的塑造等。通过这些现有的带有浮雕肌理效果的材料可以快速地传递出角色的身份特征并最大化地呈现出较好的舞台演出效果。现有的镂空织物也是能够表现服饰丰富效果的首选材料。设计师最常用的莫过于镂空的蕾丝材料，蕾丝材料因为织造工艺的繁复以及制作所耗时长导致了自身昂贵的价格，利用蕾丝的天然属性可以将其运用到各种类型的角色身上，塑造出高贵、性感、妩媚、可爱等不同的角色性格特征。

现代纺织技艺的提升使得服装面料的纹样图案与肌理效果日渐丰富，具有浮雕与镂空肌理的材料在设计师的不断需求下也得到不断地发展与生产。除此之外，现在开放的市场环境让全球的服饰材料流通加速，世界各地不同质地、不同色彩、不同纹样图案的面料也流入中国市场，甚至有些国内大制

作的影视剧专程飞到国外去海淘面料。这些开放的环境使得设计师有了更多的面料选择范围，这其中一大部分已经具备了浮雕镂空肌理的材料及辅料也成为设计师进行表演服饰浮雕与镂空肌理塑造的重要载体。

6.皮毛、皮革等材料

天然的皮革与皮毛一般来源于哺乳类动物，具有很好的装饰和保暖的功能。随着现代社会人们动物保护意识的逐渐增强，出现了很多天然皮毛与皮革的人造替代品。传统服饰中，皮毛、皮革等材料一般用于游牧民族的生活服饰或者用于某些特定季节的服饰中。游牧民族一般以打猎为生，动物皮毛也就理所当然成为他们天然的材料。表演类服饰中一般用皮毛装饰帽子、领口、袖口等边缘部位，强调边缘轮廓的浮雕肌理效果。如在表现秋冬这类季节性的服饰中会用到皮毛的装饰，通过皮毛的厚度与质感可以给人以季节性的提示。在一些魔幻题材的影视剧中，为了标识某些动物精怪等角色的身份特征，也会在其服装边缘位置进行皮毛的装饰处理。与皮毛相比，皮革类材料的质地硬挺，表面平整并且具有一定的体量感，这种坚实平整的特点使得皮革材料特别适用于剪切或者雕花的手段进行镂空处理。镂空的皮革材料边缘部位不易脱散，形成的纹样图案工艺性较高，细节还原也比较细腻。表演服饰造型中对于皮革材料的运用一般分为两种方式：一种是将镂空后的皮革材料直接作为服装的材料或者辅料，这样就避免了大面积皮革的运用在人体上形成的沉闷感，同时也可以让镂空后的部位透露出人体的皮肤，呈现出穿着者不羁、狂放的状态；另一种方式是先将皮革进行镂空，然后再将其附着在服饰的基底材料之上，这样镂空皮革与服饰表层材料叠加就形成了一定的空间层次感，增加了服饰外观的装饰效果。

整体来看，表演服饰中浮雕与镂空造型方式实则是对服饰外观的肌理塑造，这种塑造包括了对材料自身的塑造以及对服饰外观的附加装饰。服饰材料的挺括度、肌理感、光泽度会带给人们某种特定的感觉；服饰上不同材料间的对比配置，也带给人们某种特定的联想；不同材料之间的偶然性组合可能会形成某种特殊效果，甚至能够触发设计师创造的灵感。像前面提到的金属材料，其自身的反光特性，可以很好地营造奢华的效果；天然的棉、麻材料质地粗糙，不具备反光性，可以体现厚重、沉稳的特点；宝石、人造宝石、珍珠等具备较强的光泽感，可以作为附着装饰体现穿着者的身份与地位。因此，把握各种材料的不同表现效果，利用材料的天然属性去构思主题是决定浮雕与镂空造型方式能否合理体现的重要因素。

三、以一定的形式美审美原则开展创意

任何形式的艺术都要以一定的形式美法则去展开创作设计，浮雕与镂空造型方式在表演服饰设计中的应用亦是如此。表演服饰中浮雕与镂空的造型方式通常具有较强的凹凸或镂空的肌理装饰效果，这些不同的肌理效果通过不同材质间的组合、同一材质的二次再造去实现。运用一定的形式美法则将这些不同材质、不同肌理的新风貌与服饰巧妙、恰当地结合在一起，是设计创作的重中之重。

大多数情况下，表演服饰造型中的浮雕与镂空效果多是设计师根据表演客观需要的有意为之，体现了设计师对服饰材料的独特处理，也体现了设计师对于服装装饰手段和不同材质互相组合的巧妙处理。浮雕与镂空造型手段在表演服饰中的应用灵活多变，设计师有时会根据表演的客观需求或者是自己的主观意愿将两种或多种不和谐的服饰材料或者装饰手法组合在一起，比如在天然的麻布上面做精美的刺绣装饰，在平滑的丝绸表面做凹凸的肌理再造，将皮革与薄纱、透明材料与非透明材料进行组合等。这些常规状态下不和谐，甚至是处在对立关系的材料及材料组合出现时就产生了粗糙与细腻、平滑与凹凸、虚与实、厚与薄的不同对比，这些强烈的矛盾冲突也会在视觉上给予观众以极强的冲击。尽管这些矛盾冲突受到表演需求或者设计师主观情感意愿等因素的影响，但是还是需要运用科学合理的形式美法则和方式去

将其调整到一个尽可能稳定和谐的状态，使其既能够符合表演人物造型的需求同时又能满足大众审美的需要。

1. 对比的法则

表演服饰造型设计中的对比是指服饰的不同材质、不同肌理、不同质感、不同形态的对比。通过这些不同的对比可以强调服装整体，使其可以快速吸引观众的视线；也可以强调服装中的某个局部，使其成为整体服饰中的焦点。这些不同形式的对比要注意组合的方式与方法，合理运用浮雕与镂空造型技巧和装饰方法，比如材质的对比体现在不同材质的组合上，像皮革材质与蕾丝材质：皮革表面平整沉稳，具有很强的体量感，而蕾丝表面凹凸起伏，具有透空的特性。蕾丝与皮革的组合，使得蕾丝的通透感与皮革的沉闷感产生鲜明的对比，将蕾丝的性感的特质更好地强调出来。这种对比的组合搭配适用于具有前卫、性感、狂野等性格特征的女性角色造型上。

2. 协调的法则

表演服饰造型设计中的协调是指相同材质的组合、相同工艺的运用或者相同形态的出现。通过协调的法则将各个要素统一，使各个要素间产生一定的关联，形成富有秩序、单纯又和谐的形式美感。如常规表演服饰中的刺绣多运用到丝绸或者纱质的材料上，用以体现服饰的华丽感。如果运用天然的棉麻质地作为服饰的主体面料，选择常规的丝线进行刺绣就会较为牵强，华丽的丝线与这种天然的棉麻材质会形成质感、光泽的强烈对比，这样就会给观众产生不和谐的视觉感受。这种情况下，我们就要运用协调的法则去寻找平衡点，将常规的绣线换作具有粗糙质感的毛线，既实现了精致的浮雕感刺绣纹样的塑造，又很好地做到了材质与材质的协调。又如常用的褶皱工艺，在设计运用时必须充分考虑其在整体服饰中的比例、褶皱的布局、褶皱大小以及褶皱凹凸起伏对比。同时，还要考虑到光影的影响，不同形态的褶皱因受光、背光的不同形成的层次变化和空间效果也大有不同。除此之外，协调的法则还表现为浮雕与镂空在表演服饰中的整体布局和局部点缀中，一般对于宽松造型的服饰或者具有塑型意图的表演装，服饰造型宽大，可用来进行浮雕或镂空处理的面积较大，可以选择整体的布局浮雕与镂空装饰；对于造型比较服帖修身的服装，浮雕与镂空多运用于边饰或局部；轮廓外形简洁的服饰，浮雕与镂空的肌理塑造可以繁复，这样可以使得肌理图案引导服装，形成服饰的装饰重点；如果服饰造型款式复杂，浮雕与镂空的运用则要适度，否则服饰整体就无法突出重点，显得混乱不堪。

总的来看，不管是选择现有的浮雕镂空肌理材料还是运用浮雕镂空造型方式进行肌理塑造，不管是细节处的装饰还是整体大面积的运用，都要考虑艺术创作中形式美的基本法则。运用对比的法则强调浮雕与镂空的装饰特点；运用协调的法则统一浮雕镂空与服装整体的关系。使浮雕与镂空造型方式既能与服饰整体相协调，又能够外化传递服饰作品的内蕴情感，呈现满足现代观众审美的最佳视觉效果。

四、以创新为圭臬，以传统服饰文化为依托

意大利"现代设计之父"吉奥·庞蒂（Gio Ponti）认为"本土传统的设计语汇将成为一个国家设计的重要维度"。中国传统服饰是华夏民族数千年文化与智慧的结晶，体现着国人特有的传统思想与情感，受到保守及内敛的思想与情感影响，传统服饰整体上呈现出宽袍大袖的形制以及繁复精致的刺绣纹样装饰。具体到各个不同的时期，又因社会的发展、政治立场的不同体现出不同的神韵与风格。秦汉时期统一了货币、文字、度量衡，建立了规范的系统和制度，服饰也被规范，刺绣的纹样及工艺开始被确立；隋唐时期国力的强盛促进了中西文化的交流，受到西方文化的影响，服饰上注重实用与审美的兼备，刺绣装饰效果较之前更加注重浮雕肌理感的塑造；宋代受到朱熹理学思想的影响，服饰整体注重简单、朴素的艺术风格；清代时期，巩固和发展了经济，服饰讲究精细繁复的装饰，浮雕与镂空肌理效果呈现出欣欣

向荣的鼎盛局面。不同的历史时期服饰有其特定的历史特点，作为服饰附属的浮雕镂空造型方式也呈现出不同的表现形态。这些传统服饰中有大量的可参考借鉴的浮雕与镂空造型方式和装饰法则，像刺绣、贴绣、编织等服装装饰方法以及镶、嵌、缀等服装工艺技法都是传统服饰中的经典技艺。设计师可以从传统的服饰中去借鉴浮雕与镂空的造型方式和装饰法则，在借鉴的基础上进行拓展和延续，使之更加符合现代表演服饰的创作。总的来说，传统服饰中浮雕与镂空的造型方式与装饰法则在传统思想下表现出含蓄、平稳的特点，这种美的表现需要设计师去慢慢地解读与欣赏。中国的传统服饰文化，涉及历史、政治、美学、哲学甚至是社会习俗等各个方面，它需要设计师去深入了解和掌握各个方面的知识，以传统的服饰文化为依托，进而规范科学的展开表演服饰造型的设计。

设计师在延续传统服饰文化的基础上，还要注重新材料、新工艺以及新的创作理念的融入，奉创新为圭臬。21 世纪，现代表演服饰创作接受了西方外来文化的涌入以及不同文化艺术领域思潮的影响，这些都给设计师带来了新的审美倾向和创作方式，也为设计师带来了新机遇与新挑战。以传统服饰文化为依托并不代表着我们要墨守成规、一成不变，对外来文化和艺术的吸收与借鉴也不代表着我们要随波逐流。表演服饰造型中浮雕与镂空的肌理塑造方式与装饰法则需要以中国的传统服饰文化为依托，在传统中去吸收和借鉴，将传统再延续和发展，保留文化艺术的底蕴。在此基础上，将各种外来文化艺术与我们的传统性与民族性相融合，开创新的思路与新的创作手段，借助浮雕与镂空这一有效的造型手段和装饰方法，实现表演服饰造型设计的现代化创作。

五、敢于"试验"与"重构"

表演服饰造型中浮雕与镂空效果的体现是一项艺术性的加工创作。既需要利用各种方式方法进行反复的试验，也要打破现有的规则章法对其进行重新组合与重新构建；同时还要考虑到服饰中材料的天然属性和加工再造的各种工艺。在相同的材质上，用不同工艺进行尝试；或者选择不同的材质，相同的工艺进行再造。这些反复的推敲试验与重组构建随时可能产生新的表现效果，进而让整体服饰造型产生前所未有的全新视觉形态。

在具体的创作过程中，设计师会利用各种丰富多元的材料如常规的棉、麻、丝绸以及非常规的金属、纸、塑料等对其进行剪、切、贴、绣、拼、折等各种操作试验，在反复的试验与体验中可以发掘出不同造型技巧的表现潜质，塑造出材料各种各样的肌理效果，赋予材料全新的意义。如要将柔软型服装面料转变为纸质效果的可折叠面料，可以通过面料上浆、面料烫衬或者面料与硬质材质粘贴缝合等不同的工艺手段改变原始材料的硬度。经过这些不同工艺手段的塑造使得最终呈现出的形态大相径庭：面料上浆的方式得到的硬挺型面料形态不耐洗涤，塑型的部分很容易在洗涤后就弱化或消失；面料烫衬与粘贴缝和的形式所形成的面料质地较硬，不易进行肌理塑造，有时还因为面料自身的黏合度关系，与底板黏合不牢，导致最终塑型的效果不理想。总的来看，浮雕与镂空的运用往往因为材料、工艺的特殊性需要反复地进行试验，同时也需要对传统的规则章法进行大胆的重组与重构，在不断地试验与重构中摸索出规律和经验，最大化地指导并完成浮雕与镂空的肌理塑造。

1. 表演服饰作品《绽放》中的"试验"与"重构"

表演服饰作品《绽放》①（图 3-2-6 见文前彩插）的服饰灵感来自蛹破茧成蝶。其整体的服装廓形、服装装饰、配饰及头饰中都运用了蚕茧、蚕丝、蝴蝶等各种不同的元素，设计师通过大胆的试验与重构，将这些不同的元素转化成服装的造型形态和肌理装饰，让整体服装造型更加具有造型的张力和视觉的美感。

---

① 表演服饰作品《绽放》（又名《超复杂》），2011 年参加北京市教委、中央戏剧学院共同举办的首届麒麟杯人物造型设计大赛，获戏剧影视人物造型设计组三等奖。

"茧"形外轮廓浮雕感肌理的"试验"与"重构"

为了塑造服饰外轮廓不规则椭圆状的蚕茧造型，对几种支撑材料进行了反复的试验。开始时选用支撑塑型用的透明胶状鱼骨，但是经过打样试验，发现鱼骨撑起的造型比较圆润工整，很难根据人体的结构进行转折和弯曲。同时，对于大面积的内部镂空塑型，鱼骨的支撑力度远远不够，很容易导致局部的塌陷或者变形。接下来，根据胶状鱼骨出现的问题，将支撑材料调整为塑型用的钢圈裙撑。钢圈裙撑有足够的支撑力度，但是由于钢的质地过于坚硬，无法实现造型上的任意弯曲，这样就无法塑造蚕茧不规则的外形。最后，通过总结失败试验的教训和经验，设计师选择了3.4毫米—4.0毫米的粗铁丝来做服装整体内轮廓镂空骨架的塑型，一定强度的粗铁丝可以随意进行弯折同时又具备一定的抗压性使造型维持不变。为了还原天然蚕茧的凹凸粗糙的肌理风貌，在铁丝镂空的内部轮廓上附着大体积的白色粗质无纺布，通过手工缝制堆褶的方法，营造出表面凹凸起伏的肌理效果。在具体体现的过程中，堆积出来的褶皱需要进行定点缝合，又需要进行位置的固定。因此需要事先加缝一层布料附着在外层面料与铁丝内轮廓之间，这样外层褶皱肌理的面料就可以很好地在这层夹层面料上进行固定。然而这样处理形成的褶皱肌理比较柔软，没有实体空间感，通过试验发现可以在里外夹层的褶皱部分加塞棉花，这样填充式细节的处理就很好地强化了浮雕的外观效果。经过铁丝的内轮廓镂空支撑以及填充褶皱的外轮廓塑造使得"茧"形外轮廓得到最大化呈现。

服装装饰细节中浮雕与镂空造型方式的"试验"与"重构"

在服装大廓形与服装表面主要的肌理塑造完成后，紧接着就是对服装装饰细节方面的肌理塑造。

首先是服装上装饰的蝴蝶翅膀造型。最初的方案欲通过绘画或者印花的方式将蝴蝶翅膀的纹样呈现在服装外廓形上，但是在已经填充成型的褶皱状的服装廓形和荷叶状裙摆上做了大量尝试之后效果并不理想。无纺布的质地较为粗糙，颗粒感较强，绘画或者印花的色彩不容易在其表面还原。另外，在已经成型的凹凸起伏的茧形外壳上添加纹样会使其显得杂乱无章。经过反复尝试，最终决定将蝴蝶翅膀的具象造型简化，利用折纸后产生的立体造型代表蝴蝶的翅膀，将其粘贴固定在服装表面，以此形成一定的浮凸立体效果。在具体的制作过程中，将玫红色无纺布剪成菱形块状，再将这种菱形块状折叠，这样就形成了一对竖立的"翅膀"造型。将这些单独制作好的翅膀造型固定粘贴在裙摆、蚕形廓形上，这样就得到极具动感的浮雕感装饰。用不同的形态大小、不同明度的玫红色渐变排列，在服装表面形成了强烈的浮凸节奏感。

其次，对于服饰外轮廓蚕丝束缚效果的塑造也做了大量的试验：将麻绳喷色然后缠绕在服装廓形表面；白色尼龙绳直接缠绕，粗细毛线结合缠绕等等。但最终发现绳的造型都是规整的圆柱形态，与服装表面较为自由的肌理塑造显得格格不入。那么如何将这种规整的圆柱体打破重构，是塑造蚕丝束缚效果的突破口。笔者尝试将麻绳拆分，并进行喷色处理缠绕在服装廓形上，也尝试将其他布料撕成条状进行缠绕。在不同的试验与破坏重构中想要呈现的效果一点点清晰，最后决定用材料再造的手段呈现蚕丝的外观肌理效果。首先要寻找某种合适的材料使其可以无拘束且随性地表达出这种撕扯破坏的蚕丝效果，结合之前失败的试验重构案例，想到了面具制作中使用的棉花和白乳胶的组合。棉花纤维可以撕成任意的薄片，并能够组合成一定的扁线条状，通过白色乳胶的黏合又可以将这些碎片牢固地连结在一起。经过了反复大量的细节推敲与尝试，最终的呈现工艺如下：

第一步：先将棉花用手轻撕成条状体，这样手撕的效果就形成了天然的斑驳感。（棉花在使用时要先撕成薄片，在薄的基础上继续撕成想要的任意形。撕拉的过程要轻柔，这样经过轻轻撕拉的棉花会出现中间实两头虚的效果。

倘若一味的使用蛮力，棉花纤维会被整齐切断，那么两块棉花结合的部位就会产生有厚度的结节状突起，影响最终的呈现效果。）

第二步：将撕好的棉花条铺在光滑的塑料纸上面，以便于塑型完成后完整轻松地取下。（这个步骤尤其关键，因为笔者在尝试过程中多次发生棉花与操作台黏合而取不下来的情况。可以预先在操作台铺好光滑的保鲜膜，这样就可以使干透后的棉花可以轻松取下。）

第三步：用白乳胶稀释并将其均匀地涂抹在撕好的棉花条上，等待晾干。（白乳胶需要用较多的水稀释，这样稀薄的乳胶液才会轻松渗透进棉花纤维内部，干透后的"蚕丝"也才会更加牢固。可以利用小喷壶轻轻地将铺好的棉花比较"虚"的一端喷湿，简单湿润后，棉花会与保鲜膜贴合，这样再用毛笔蘸取较多的乳胶液将中间较"实"的部分充分浸湿。这样做的好处是不会破坏铺好的棉花的造型，尤其是棉花两端"虚"的部分可以保留住完整的细节。）

第四步：在棉花条半干时将其取下，这时棉花条仍然具有一定的韧性和弹性，可以随意地缠绕、弯折。（棉花在晾制三分之一干的状态时，可以对其进行二次整形，利用剪刀、刻刀等小工具对棉花条进行剪刻处理。棉花晾至半干的状态时将其取下并及时在服装上进行布局和调整，这时候的棉纤维和雕刻好的造型已经比较牢固，同时又有一定的柔韧度，可以很好地在服饰表面进行装饰与布局。）

第五步：将半干状态下的棉花条按照预先的设计在服饰外轮廓上进行布局缠绕，形成蚕丝的感觉。（做缠绕处理的时候，考虑到棉条放置时间过久会失去韧性不易操作，这就需要对蚕丝的整体布局与节奏排列进行一个大的把控，分批分阶段地进行蚕丝的装饰，完成一个局部再进行另外一个局部。将这些再造后的棉花条状体简单缠绕出所要的轮廓形态后，再用白乳胶的黏性对其进行粘贴处理。这样，在服饰的细节装饰中就出现了蚕丝状的浮雕式肌理风貌。）

图 3-2-7 《绽放》头饰细节

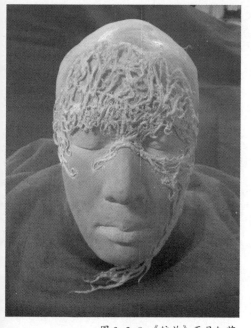

图 3-2-8 《绽放》面具细节

头饰及配饰中的浮雕与镂空造型方式的"试验"与"重构"

在头饰制作上，通过不断试验最终选择1.6—2.8毫米之间的细铁丝来塑造纵横交叉的镂空轮廓骨架。为了减轻表演者的穿戴负担，尽可能地减少铁丝的用量，最大化地强调镂空的效果。在完成大框架的制作之后，用铝箔锡纸在镂空骨架之上进行附着以阻止光的穿透，同时也可以更好地衬托表面的肌理纹样。因为头饰制作的部分材料选用了泡泡纱，如果不进行遮光处理，泡泡纱自身的浮雕质感就难以突显出来。接下来将白色粗质感无纺布堆积出褶皱并附着在头饰大面积廓形上，将灰色凹凸肌理的泡泡纱材质直接用在头饰小面积的局部中，这样白色无纺布形成深浮雕的肌理效果，泡泡纱材质形成浅浮雕的肌理效果。一重一轻、一强一弱，很好地丰富了头饰的视觉效果和装饰效果。在头饰中留白的地方，利用对折的菱形块无纺布进行粘贴处理，通过大规模、多层次的连接，最终形成了延伸的镂空效果（图3-2-7）。

在鞋子与耳环等配饰的制作上，同样采用对折的亮红色无纺布进行浮雕肌理感的粘贴处理，同时镶贴亮红色亚克力钻进行局部的点缀。

面具的制作上，笔者首先尝试了镂空蕾丝材料，预想把蕾丝的镂空感用在面具上，通过浆化处理达成面具的硬挺质感。可是几经试验，发现蕾丝的精细镂空图纹在表演舞台上会被弱化，镂空的感觉会大打折扣。最后，借鉴了蕾丝的镂空肌理形式，通过棉花与白乳胶结合的办法塑造具备镂空特性的全新肌理风貌。具体的呈现过程如下：

第一步：在阳面石膏像上平铺纵横交错的棉线，这样可以增加面具的柔韧性。

第二步：将棉花撕成薄片状结构平铺在这层棉线之上，轻轻按至服帖。

第三步：将白色乳胶刷在薄片形棉片上，直到整个棉片都浸润到白色乳胶。

第四步：用镊子等辅助工具在这层浸湿的棉花之上拨出想要的纹样，每拨一缕棉花，都要注意与铺在底部经纬交错的棉线步伐保持一致。每铺一层棉花和白乳胶，都要用吹风机将其吹至微干，然后再重复此步骤，直到达到一定的厚度，棉花可以保持一定硬度并且成型到不能够弯折时才可以将面具从石膏像上取下。经过这些烦琐的工序，最终就得到一个放大版的镂空白色面具（图3-2-8）。

本次表演服饰作品的创作完全采用手工制作的方式去体现服饰的各个环节，浮雕与镂空的肌理塑造运用到了头饰、面具、耳环、服装、鞋子等服饰造型的方方面面，充分发挥了设计师的主观想象和动手实践的能力，是一次关于服饰中浮雕与镂空造型方式的大胆的"试验"与"重构"。通过这样大胆的"试验"与"重构"，使得服饰造型更加具有造型的张力和视觉的美感。

2.《跨界歌王》中浮雕与镂空造型方式的"试验"与"重构"

在综艺真人秀《跨界歌王》中，同样运用浮雕与镂空造型手段的"试验"与"重构"。在总共13期的服饰造型设计中，关于浮雕与镂空造型方式的运用非常多，许多塑造浮雕镂空感的服装材料是在种种限制条件下的不得已为之，甚至有些材料和工艺的使用是在无意中被发现和创作的。

在《跨界歌王》第十期中，姚笛表演的曲目为《催眠》，根据导演要求，希望将此板块中的服饰打造成具有未来与过去、现实与梦想、魔幻与科学等特点的蒸汽朋克风。根据导演的提示和蒸汽朋克风的典型特点选择了诸多非常规的服装材料：如金属片、金属管、表盘齿轮、金属钉、弹簧等。将这些金属管、金属片等具有蒸汽朋克特点的非常规服饰材料作为配饰的主体材料，同时选择金属钉、钟表齿轮等小物件作为装饰辅料在服装中进行穿插性的点缀。

对于《催眠》中帽子浮雕镂空肌理的大胆"试验"与"重构"

《催眠》中的配饰帽子选择帽子的基本款造型充当龙骨骨架，在上面进行各种材料的综合运用实现浮雕与镂空效果的装饰。

首先，通过附着材料在基础龙骨骨架上的添加塑造帽子夸张的外观形态。第一层的附着材料先是尝试了纸黏土，纸黏土的塑型比较写实，通过后期喷色处理能够呈现出金属的光泽效果。但是纸黏土等待干燥需要耗费一定时间，所以帽子第一层肌理的塑造最终采用了 EVA 材料板与纸黏土同时进行的方法。EVA 材料板可以任意的弯折和裁剪，可以快速完成帽子夸张外观的塑造，纸黏土小面积的应用也可以快速干透定型。将裁剪好的 EVA 材料板通过胶枪粘贴在基底帽壳的外围，让帽子基底形成一定的肌理感，同时在帽子基底之上粘贴小面积的纸黏土进行装饰。其次，要塑造帽子外层金属钉镶嵌的效果。倘若将真实的金属钉和金属片全部堆砌在帽子外层，会导致帽子重量过大，增加演员演唱和表演的负担。于是使用纸黏土塑型的办法，将纸黏土一个个揉捏成型，并将其固定在帽子浮凸装饰的四边形外缘。但是纸黏土的定型与固定粘贴仍需耗费一定时间，这在此次时间紧任务重的工作客观条件下显然不合适。在继续探索和尝试的过程中，无意间发现凝固的胶棒与所要表现的金属钉的形状极为接近，于是直接将胶棒融化在四边形的四个边缘，这样等胶棒落凉定型后就形成一个凸起的圆形。经过后期的喷色处理点状的固化胶棒刚好营造出金属钉凸起的效果，这样帽子外层金属钉镶嵌的效果就在这种不经意间的创作过程中被突破了。最后，在帽子其他空白地方，选用精致镂空的齿轮进行装饰。对不同大小的齿轮进行组合粘贴并将其固定在帽

子上，打破了堆叠粘贴后出现的沉闷感。最后
通过整体的喷色和局部的绘画处理，完成了帽
子整体造型的塑造。

　　此次帽子制作与体现的过程，同样是对于
浮雕镂空材料与造型方式的大胆"试验"与"重
构"，帽子整体造型中高浮雕的效果与局部装
饰中镂空齿轮的使用实现了整体造型的节奏感
与协调性，大大丰富了帽子的装饰效果，通过
帽子强调出所要表现的"蒸汽朋克"的主题定
位（图 3-2-9、图 3-2-10）。

　　综上，浮雕与镂空外观造型与装饰风格的
体现是不断尝试、大胆创新与重新建构的过程。
表演剧目的客观需求、新工艺以及非常规材料
的使用等都促使设计师不断地试验各种有可能
的方式和方法，使其最大化地丰富表演服饰的
造型设计。

六、以新型工艺技术为依托

　　表演服饰中浮雕与镂空的创作往往融合了
设计师大胆的构思、服饰整体新奇的造型以及
多元化的材料运用，可以说是现代文明与现代
工艺技术高度结合的造型艺术。在科技高度发
展、不同门类艺术相互融合的大背景下，浮雕
与镂空的工艺方法得到了前所未有的提升与开
拓。设计师在进行表演服饰的创作时，为了实
现其设计意图或者是大胆的奇思妙想，也往往

图 3-2-9　《跨界歌王》第 10 期
歌曲《催眠》中演员的帽子

图 3-2-10　《跨界歌王》第 10 期
歌曲《催眠》中演员的帽子

采用不止一种工艺方式，甚至通过现代高科技手段，探索丰富多元的浮雕镂空造型技艺。

表演服饰的创作有别于生活服饰，它具有一定的虚拟性，需要营造特定的演出氛围和视觉效果。因此，浮雕与镂空造型方式选择的材料更加多元化，这些新型材料通过手工工艺的方式往往难以达到满意效果，这就需要我们在运用浮雕与镂空造型方式的同时关注新型的工艺技术并不断学习与掌握它们的应用与发展。这些新型的工艺技术有助于设计师实现自己在服装中进行的各种奇思妙想，推出更具创意的服饰作品，更加完整地呈现服饰中的浮雕与镂空的造型方式和装饰方法。

1. 新型的 3D 打印技术

3D 打印技术是高科技时代下的新型产物，它是利用光固化和纸层叠等技术完成的快速打印成型装置。它与普通打印机的工作原理基本相同，打印机内装有方便打印成型的材料如塑料、铝材料、镀金、镀银、橡胶、树脂等"打印材料"，与电脑连接后，通过电脑控制把这些方便打印的材料一层层叠加起来，最终把设计师的设计方案变成实物。

目前 3D 打印依据打印的不同材料可以分为许多不同的打印技术，并以不同层的构建来创建部件。在正式打印之前，需要使用 3D 建模软件将设计师的设计图形完整精确的绘制出来，再进行不同的分区设置，最后通过打印机进行打印。这样打印出来的造型可以实现非常繁复细致的效果。如 2011 年荷兰设计师艾里斯·范·荷本（Iris van Herpen）在巴黎高级定制时装周上发布的白色骨架镂空礼服，就是通过新型的 3D 打印技术将塑料材质打印成白色镂空骨架并完美地架构在人体之上（图 3-2-11）。

2016 年上映的电影《封神传奇》中，苏妲己一角繁复的立体镂空头饰也是通过 3D 打印技术实现。设计师张叔平经过反复实验和设计，在打印成型的白色塑胶外层先加一层铜，后进行电镀黄金，最终令头饰呈现完美的镜

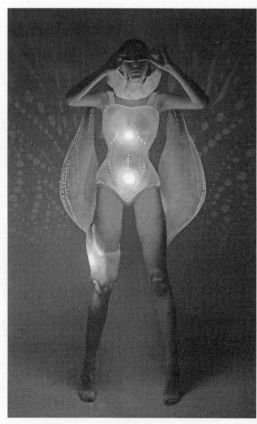

图 3-2-11　艾里斯·范·荷本设计的　　　　图 3-2-12　2020 年伦敦国际大学生时装
3D 镂空打印服装 图片来源于作者收藏　　　周 3D 光敏树脂打印服装 设计师：谢紫梦

头表现效果。除了时装发布和影视作品中对于 3D 打印技术的应用，在现代其他表演类型的服饰造型中也在逐渐尝试 3D 打印技术带来的特殊造型效果。如 2020 年伦敦国际大学生时装周发布会中，四川美术学院的学生谢紫梦的一套毕业设计服装就采用了现代 3D 打印技术，将光敏树脂打印成服装外部雕塑感的造型，通过浮雕与镂空结合的形式呈现服装的未来感与科技感（图 3-2-12）。

　　总的来看，新型的 3D 打印技术可以实现繁复精致的浮雕或者镂空图形的打印制作，在未来表演服饰造型中有很大的应用空间。

图 3-2-13 2013 年亚洲国乐节开幕式上激光雕刻的头饰一组

2. 激光雕刻技术

激光雕刻是现在比较流行的剪刻技术，它是利用激光具备的高能量特性使被照射的材料瞬间融化，从而使得融化部位在材料表面形成镂空通透的效果。通过激光雕刻产生的纹样图案既精致细腻又复杂多样，可以根据设计师的主观意图实现任意想要呈现的纹样图形。类似的雕刻技术还有激光蚀刻，它通过激光的高能量对材料表面进行烧灼，但是只去掉部分厚度而不是完全灼空，这样就使得材料表面形成一定的凹凸肌理效果。

在 2013 年亚洲国乐节开幕式的头饰制作中设计者就选择了激光雕刻的新型技术（图 3-2-13）。这次开幕式是中国音乐学院面向全亚洲的国乐节开幕，国际化的标准对开幕式的方方面面提出了严苛的要求，服饰作为整个开幕式的外化视觉表现，在制作中更是投入了大量的时间和预算成本。在这种客观情况下，作为起到画龙点睛效果的头饰的设计与制作就显得尤为重要。既要实现舞台表演的夸张化，又要达到最高标准的精细化程度，以符合国乐节开幕式所要求的国际化的定位。本次服饰与头饰的制作单位选择了业界比较权威的北京朱氏兄弟服装有限公司，这也给本次头饰制作提供了强有力的技术保证。

方案的确定

开幕式头饰造型中出现了龙、麒麟、孔雀、凤凰、雉鸡、麻雀等不同的动物角色，每个不同的动物形象都要在头饰中有所体现。此外，龙与麒麟、孔雀与凤凰、雉鸡与麻雀的形象都较为接近，这就需要在最有发挥空间的头饰中去最大可能的体现特征细节。根据不同的形象资料搜集，发现这些动物形象虽然接近，但是还是有一些细节方面的不同。头饰制作中，要把这些丰富的纹样进行表现，又不能显得过于单调，首先确定了选择浮雕式的肌理塑造方法，在头饰上面去堆叠各种能够体现动物特征的元素。但是问题很快出现，各种的堆叠会导致头饰的重量不便于演员表演，为了最大化减轻演员负担及便于演员表演，将所有动物特征进行统一形式的镂空处理（图3-2-14）。通过镂空掉的部分尽可能减轻头饰的重量，镂空的图案结合浮雕的细节共同体现动物的角色标识。

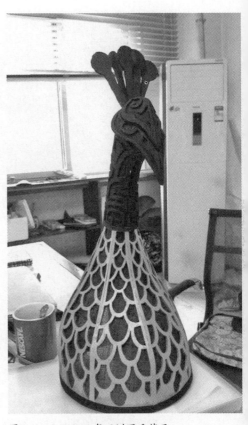

图3-2-14 2013年亚洲国乐节开幕式上激光雕刻的镂空图案头饰

材料的选择与头饰的制作

基本方案确定后，就是材料的选择与制作。通过大量试验，选择轻便且易塑型的黑色EVA材料，用铁丝弯折架构出动物的基本廓形，然后通过立体裁剪的方式将EVA材料附着在铁丝基架外层，最后把镂空好的纹样图形附着在最外层的EVA上面。这样做完之后，发现手工雕刻与粘贴的痕迹较为粗糙，而且铁丝的重量加

图 3-2-15　亚洲国乐节开幕式激光雕刻的头饰

上 EVA 材质的重量还是会产生一定的负重。考虑到演出耗时较长，演员长时间佩戴可能会有不适的反映，于是在此基础上将最有分量的铁丝基架去掉，重量的减轻可以最大化地保证演员的舒适度。但是这样处理却对制作工艺提出了严格的要求：没有铁丝基架的支撑，头饰廓形的耐牢度无法保证，同时为了保证工艺的精细程度，外层 EVA 材料板的连接部分必须严丝合缝。通过仔细考量，决定摒弃传统的人工切割的方式，采用激光雕刻的办法来进行切片与镂空。经过仔细的数据推算，先将外层 EVA 材料板的立体裁片大小以及镂空图形大小确定，然后运用激光切割机进行切割，最后得到工整规范的立体裁片与镂空裁片。将这些激光切割好的材料进行组合，就完成了装饰性与实用性并存的头饰造型。通过对不同动物外观轮廓的 EVA 裁片拼合以及对不同外观纹样图案的镂空雕刻，将不同动物的不同特征鲜明的塑造出来（图3-2-15）。

　　此次头饰制作实现了工艺性与装饰性的完美统一。现代激光雕刻技术的运用不但使得头饰的重量减轻，增加了演员的表演舒适度，同时也为这次头饰制作的工艺提供了强有力的技术保障，最大化地保证了图案以及边缘切割的完整度，使得浮雕与镂空装饰效果最终完美呈现。

EMBOSSMENT AND
HOLLOWED-OUT
ARTS FOR
PERFORMANCE
COSTUME MODELING

第四章

表演服饰中浮雕与镂空的创作方法

<h1 style="text-align:center">第一节　借鉴</h1>

借鉴是指从他处吸取有益的经验和方法，以便取长补短。表演服饰造型中的浮雕与镂空往往从传统的艺术形式和造型技法中去参照和学习，借鉴雕塑、建筑、剪纸、皮影等各个不同艺术形态中经典的浮雕与镂空造型表现形式，以此更好地完成现代表演服饰造型的创作。

一、从雕塑、建筑的浮雕与镂空形式中进行借鉴

浮雕与镂空造型方式最初一直是以装饰风貌出现在雕塑、建筑、器皿等领域。新石器时代开始，人们就已经用堆贴、压印、雕刻的方式在陶器表面制作出凹凸或透空的肌理效果。这些不同时期、形态各异的浮雕与镂空造型方法都真实客观的反映到那个年代的服饰上面，为我们今天表演服饰造型的创作提供了非常丰富的可借鉴的资源。表演服饰的创作离不开对于现实生活方方面面的灵感采集，然而年代的久远、材质的易损性等客观原因使得许多传统服饰难以保存至今，这也就给我们进行表演服饰设计尤其是古装题材的表演服饰设计增加了一定的难度。然而雕塑、建筑、器皿等造型艺术是为了满足人们的实用性需求，多采用坚硬易保存的材质，尤其像器皿、雕塑等甚至采用金、银、玉、大理石等材料，这些材质就算经历千百年的沧桑变化，也难以改变其物理性能。所以，这些被完好保存下来的丰富的浮雕与镂空外貌特征成为表演服饰创作中可借鉴的主要摹本。

设计大师皮尔·卡丹（Pierre Cardin）曾以中国传统建筑的外部形态为灵感，借鉴传统房屋建筑中"飞檐"的外观结构形式，并将此用于服饰外观造型的创作。在其名为"西安飞檐"的服饰展示作品中，可以发现服装的不同部位都借鉴了房屋中"飞檐"的外观形式，呈现了强烈的浮雕立体效果。另外一位服装设计大师阿玛尼（Armani）也曾对中国飞檐向上飞扬的檐角外形进行过借鉴。在其推出的高级定制服装"Armani Prive"系列中，将"飞檐"元素巧妙地运用在服装的肩部、袖口以及下摆和裤脚等处，从服装廓形到装饰细节，甚至是模特的发型都呈现出强烈的中国建筑廓形感及浓郁的中国情调。在中国国际时装周上，设计师邓皓以"古兰中国红"为主题的服装展示中，对西方教堂经典外观造型与中国传统建筑外观进行了借鉴，通过服饰上具有鲜明特征的建筑感来体现服饰主题。第15届中国国际青年时装设计师作品大赛"汉帛奖"金奖作品《抱鼓石》（图4-1-1）的服饰造型也借鉴了抱鼓石的外形及浮雕纹饰。此作品的灵感来源于老北京院门前的"抱鼓石"。抱鼓石俗称"门鼓石"或"圆鼓子"，它是老北京四合院位于宅门入口、大门底部形似圆鼓的石制构件，是旧时大户人家地位、身份的象征。在现今留存的抱鼓石中，我们可以看到其鼓座及鼓面上丰富多样的浮雕

图4-1-1　第15届中国国际青年时装设计师作品大赛汉帛奖金奖作品《抱鼓石》
设计师：王静（中央戏剧学院）

纹样装饰：鼓座上一般装饰牡丹、荷花、芙蓉、葵花以及如意纹、卷草纹、祥云纹等表达福寿吉祥美好寓意的纹样；鼓面上则装饰有浅浮雕或高浮雕样式的狮子造型。《抱鼓石》系列服装首先借鉴了抱鼓石的颜色，整套系列选用白色；其次在服饰外形上还原了抱鼓石厚重饱满的轮廓；最后在厚重饱满的服装 抱鼓石轮廓上面进行了浮雕化的肌理再造，将抱鼓石上典型的花纹图案、石狮、蟠龙等造型运用面料一体化塑造的方式完整地呈现。通过对于抱鼓石外形的借鉴，将中国古城的建筑底蕴在系列服饰上面完整地表达出来。

二、从传统民间艺术形式——剪纸、皮影中的借鉴

浮雕与镂空都属于中国传统艺术，它们的发展与演变也衍生出许多独特的工艺技法与表现形式，像极具中国传统意味的民间剪纸与皮影即是两种镂空艺术的典型代表。这两种民间艺术的形成都经过了漫长岁月的积累和沉淀，是我国珍贵的民间传统文化和极具特色的民间艺术。在工艺技法及表现形态上，它们都是通过各种剪、刻、雕等手段塑造镂空感的图形纹样，以此表达人们美好的愿望、寄托与祝福。随着民间传统艺术越来越多地受到当下社会的关注，设计师也开始频繁的借鉴这些传统民间艺术的不同造型形式，将其直接或者间接运用到服饰造型作品中，展现中国传统艺术与服饰造型相互融合的特殊魅力。

剪纸，在北方通常被称作窗花，南方则称之为花灯、花样。它是用剪刀或刻刀在二维平面的纸面上剪出一定的具有象征意蕴的镂空图案，这些镂空图案一般具有美好的寓意，可以传递人们的情感寄托。剪纸作为中国最古老的传统手工艺之一，有着悠久的历史文化积累和沉淀，是现代设计师宣扬中国文化的重要灵感素材。唐代时，妇女们就利用各种动物翅膀和天然织物材料剪刻成各种镂空图形贴在额头作为装饰。后来这种能够起到很好装饰效果的剪纸艺术被引用到了工艺品上，如把剪纸图样贴在铜镜背面，然后再刷上

漆，这样就成了一幅工艺美术画；将剪纸图案粘贴在灯具上，当灯光照射时就映射出剪纸的镂空廓形。南宋时流行书法文字剪纸，将这种镂空的剪纸图案粘贴在陶器上，同时在周围涂上丰富的色彩进行烧制，这样就得到了丰富的花纹陶器。随着现代社会的发展，剪纸的应用领域也在不断地扩大，从窗花装饰到插图、连环画、邮票、服饰等不同的造型形态中都出现了对于剪纸的借鉴与应用。通过剪纸艺术所呈现出来的镂空艺术效果蕴含了中国传统文化的内涵和本质，也体现了中华民族的卓越创造力。

　　表演服饰造型中对于镂空剪纸的创作运用分为两种：一种是直接借鉴（或者称为挪用），对剪纸的配色、纹样进行完全的复制和还原，使其成为服装主体、服装局部或是服装配饰的一部分；另外一种是借鉴剪纸的镂空表象特征，这种借鉴呈现出的剪纸效果并不是实实在在的镂空，而是通过印染、喷绘等手段，在服饰面料上形成类似于剪纸的造型形式。

　　镂空窗花剪纸是剪纸艺术中最具鲜明特征的代表，设计师在以中国元素或者中国风情为主题进行创作时，经常会直接挪用镂空剪纸窗花作为服装主体的装饰图形。在第 64 届戛纳电影节开幕式上，加拿大女星蕾切尔·麦克亚当（Rachel McAdams）走红毯时穿着的中式礼服裙就布满了镂空窗花剪纸的装饰（图 4-1-2）。设

图 4-1-2　2011 年戛纳电影节上蕾切尔·麦克亚当走红毯时穿着的窗花镂空礼服
图片来源于作者收藏

计师直接挪用了中国窗花剪纸的形式，把剪纸的色彩与镂空形态体现到此款礼服中，将西式服装廓形与中式传统剪纸装饰相结合，不但展示出中国传统剪纸传递的艺术魅力，同时也展现了剪纸元素在服饰中表现出的现代特质。

第四届"兄弟杯"国际青年服装设计师作品服装大赛中，武学凯、武学伟的金奖服装作品《剪纸儿》从激烈角逐中脱颖而出。该作品同样是借鉴了中国剪纸的艺术形式，将传统剪纸艺术中的"十二生肖""老鼠娶亲""喜相逢"等传统题材图案镂空在服饰上面，传递出浓郁的中国传统特色。

除了时尚红毯及创意服装展示，在综艺节目及戏剧作品创作中，设计师也对传统剪纸进行了大量的借鉴与应用。央视著名主持人毕福剑在其主持的《星光大道》《梦想剧场》《国庆七天乐》等综艺节目中曾穿过数套具有吉祥剪纸图案的服装，这些富有中国传统文化底蕴的剪纸造型服装不但增加了整体的服装视觉效果，同时也通过剪纸在服装上的外化形式刺激大众对于传统文化艺术的了解和认知。这些剪纸造型的服装均出自剪纸工艺师张丽君之手。在服装的剪纸纹样呈现上，张丽君完全采用了剪纸的工艺制作方法。即先在服装主体材料上剪出喜鹊、梅花、铜钱等各种具有美好寓意的纹样造型，利用不同的图案及图案组合来传递美好吉祥的寓意，接下来将镂空好的剪纸面料再用其他材料进行衬托，这样就使得剪纸的图案更加立体、生动。通过对于剪纸造型的直接挪用，她生动地塑造了肌理丰富、寓意美好的服饰造型，在丰富表演视觉形象的同时，其剪纸纹样的呈现也得到了观众极大的肯定。

在戏剧作品创作中，设计师也对剪纸进行了大量的借鉴。在挪威易普生剧院上演的现代舞剧《寻找娜拉》中，舞美设计和服装造型都借鉴了中国的剪纸元素。该剧目表现的是工业革命期间的女权问题，舞美设计乔晓光将中国民间剪纸中的牡丹、龙、蝴蝶等吉祥形象搬上了舞台，并将剪纸作为舞台设计的主体背景，用中国红色剪纸进行剧目主题的象征性表达。同时，为了更好地呼应和协调整体的舞美设计，剧中人物的服饰造型也借鉴了中国传统的剪纸造型，用红色镂空剪纸作为服饰的主体纹样。剪纸服饰造型及剪纸舞台配合本剧的歌舞内容，实现了戏剧、剪纸的碰撞与相融。剪纸艺术脱离开平面的构图方式走向立体的舞台空间，与戏剧艺术交相辉映，成为跨越语言和国界的情感交流的桥梁。

皮影是剪纸的另外一种姐妹艺术，单从外在造型来看，它与剪纸一样，都是以剪、刻的手段塑造材料表面的镂空图形。剪纸的制作材料主要是纸；皮影造型的制作材质主要是驴皮或牛皮，通过镂空手段来塑造不同的形象特征。但是从整体形式来看，皮影与剪纸又有很多大的不同。剪纸是单纯的平面造型艺术，而皮影则是综合性的傀儡艺术。它是将镂空的皮影图形借助人力操控和光影投射进行表演，同时借以音乐来完成剧情。在表演服饰创作中，通常会借助皮影质与形的特点，用来表现局部的装饰细节。在 2015 年深圳时装周中，跨界艺术家李飞跃以"拾光·游园惊梦"为主题，呈现了一场皮影在服装中的跨界秀。整场秀的服装以皮影为灵感，对皮影造型进行借鉴转化，同时融合皮影戏与打击乐表演，将皮影艺术的色彩、造型、形态通过设计与技术完美地转化为服装造型语言。让民间艺术回归当下，更好地契合现代人的艺术生活。

不难发现，表演服饰造型中对于镂空剪纸、皮影的借鉴，不但传承和延续了民间剪纸、皮影等这些极具魅力的艺术表现形式，同时剪纸、皮影所呈现的浓厚的文化底蕴与民族气息也引发了人们极大的民族归属感。

三、对传统工艺技法的借鉴

自战国时期开始，人们开始重视各种工艺制品及生活用品中的浮雕与镂空装饰，因此浮雕与镂空的技艺在此时得到了较为成熟的发展和完善，并由此出现了许多经典的工艺技法如：失蜡、鎏金、镶嵌等工艺。这些不同的工艺技法不但满足了日渐盛行的浮雕与镂空装饰，同时浮雕与镂空的造型工艺也因为这些丰富的工艺技法以及繁复精致的表现效果，使当时的主流手工技艺攀上了高峰。到了唐代，国力增强，中西文化间的频繁交流更加促进了浮雕与镂空工艺的发展。这时在原有的工艺基础上增加了錾刻、镶嵌、缀饰以及从西方引入的锤揲技术，单单金银器的浮雕与镂空制作工艺就达到了十四种之多，成为唐代难度最高的手工工艺之一。在今天的表演服饰制作体现环节，这些传统的制作工艺因其独特的表现效果以及技术魅力，依旧成为设计师可借鉴参考的优秀模板。

1. 对于金属器物及装饰品中传统工艺的借鉴

传统的金属器物及装饰品中具有多种多样的浮雕与镂空造型技艺，这些不同技艺的表现效果也往往各具特色。表演服饰造型中金属质地的服装装饰、配饰及头饰等都可以对这些不同的造型工艺进行借鉴，使整体服饰呈现出的表现效果更为精致细腻，更加富有视觉表现力。

掐丝

掐丝是非常传统的制作工艺，多运用器物的装饰之中。

据考古记载，最早的掐丝工艺诞生于希腊。希腊普鲁斯岛出土的戒指和双鹰权杖被认为是最早的掐丝工艺品。12 世纪时，掐丝工艺由阿拉伯地区传到我国。发展到元代，掐丝珐琅制品开始出现，这一时期的珐琅制品在装饰方式上依旧保留了浓厚的阿拉伯风格。到了明代，掐丝珐琅工艺品进一步普及和流行。尤其是发展到明代晚期，掐丝珐琅工艺取得了极大的发展，不仅造型、品种、釉色显著增多，而且工艺技巧也有了很大的进步。

清代乾隆年间，掐丝珐琅工艺全面兴盛，并正式达到顶峰。此时掐丝的技术更为娴熟，掐丝粗细均匀，釉色艳丽，同时结合其他制作技巧于一体，使掐丝工艺发展到极致。景泰蓝的制作工艺中最为经典的就是掐丝工艺，在金、铜胎上以金丝或者铜丝掐出图案，填上各种颜色的珐琅经过焙烧、研磨、镀金等多重工艺后就形成了五彩斑斓的浮雕肌理效果。这种工艺在明代景泰年间得到了史无前例的发展，又因为较多地使用蓝色釉料进行外观的装饰，故称之为景泰蓝。现代表演服饰创作对掐丝工艺的借鉴和应用主要体现在头饰制作当中。将金银或者其他金属细丝按照事先设计好的图案纹样进行弯曲转折并掐成凸起的图案，最终用焊接的方式粘贴在物体表面，以此形成浮雕的效果。

镶嵌

镶嵌是指在铸造金属材质的饰品时，先提前预留好需要镶嵌部位的凹槽，将松石、金银丝或者其他装饰材料嵌入凹槽，这样就在凹槽内形成了一定的凸起，加强了金属饰品的立体造型效果。这种镶嵌的工艺最初始于二里头文化时期，到了春秋时期发展到鼎盛，二里头遗址出土的镶嵌绿松石的圆形铜器是目前最早的镶嵌实物。镶嵌根据不同的技法可以分为包镶、爪镶、钉镶、卡镶及插镶等。包镶也称为包边镶，是用金属边将镶嵌物体周围包住，其余部位密封在金属托之下，根据设计的需要可以调整包边范围的大小，起到一定的装饰效果；爪镶分为三爪镶、四爪镶、六爪镶等，是将镶嵌材料用金属爪固定以此强调镶嵌材料的完整性。这种镶嵌方式大大减少了遮挡，让镶嵌主体更加凸显，并通过光的折射让某些材质的镶嵌主体（如宝石类）更加炫彩夺目；钉镶的操作方式比较隐蔽，是将镶嵌底托的边缘预留一定的固定用小钉，最后将镶嵌材料固定在这些钉子上。这样从表面就看不到任何镶嵌的痕迹，但是镶嵌物依旧可以与镶嵌主体结合，并能够完整地呈现镶嵌物体的装饰效果；卡镶是利用金属材质的张力牢牢地卡住镶嵌物体，并使之与镶嵌主体紧密结合，这种镶嵌方式会让镶嵌物体大部分完整的呈现出来，更能表现镶嵌物体自身的质感。但是由于镶嵌物体被固定的位置十分有限，受力点较小，极易造成宝石松动甚至脱落，所以对于卡镶的工艺要求也比较高；插镶主要是用于珍珠的镶嵌，将珍珠、琥珀、蜜蜡等宝石打孔后，利用事先焊接在镶嵌主体上的金属针来固定镶嵌物的手法。这种镶嵌方式可以提升牢固度，使得款式更加美观。

除了以上几种镶嵌方法之外，还有无边镶、飞边镶、光圈镶、绕镶等多种工艺技法。镶嵌工艺是目前制作首饰的主要技艺，通过宝石与金属的镶嵌结合，能够最大化的突出宝石自身的质感和装饰效果。同时，根据设计师的需求，在相同的饰物中可以将不同的镶嵌工艺综合运用，塑造出符合设计构思及演出需要的造型作品。

錾刻

錾刻是自古就有的雕刻方式，从出土的商周青铜器、金银器上的一些錾刻文可以推断这种技艺至今已经有数千年的发展历史。錾刻工艺的操作，是利用金、银、铜等金属材料的延展性，用特定的工具和特定的技法按照设计好的图案在金、银、铜等材料上加工出繁复精美的浮雕状图案。錾刻的工艺现在多用于头饰的雕刻塑型中，一般情况下，要完成一件精美的头饰錾刻作品需要十多道工艺程序。操作者除了要具备一定的设计能力和良好的錾刻技术外，还要根据不同的造型需要选择不同的錾头和錾刀，甚至要根据不同的需要制作出不同形状的錾头和錾刀，以此雕刻出所要呈现的浮雕或者镂空肌理效果。錾刻时，将要雕刻的加工材料固定在用松香、植物油等材料按照一定比例制成的胶板上。錾刻的工艺操作过程较为复杂，具备一定的技术难度，操作者需要具备一定的绘画、雕塑的基础，此外还要具备铸造、焊接、钣金等多种技术。此外，錾刻技术的传承多是师傅带徒弟、口手相传的形式出现，到今天能够全面掌握这门技艺的人已是越来越少。表演服饰造型中饰物的雕刻以及与此相关的影视道具制作依旧部分沿用了錾刻的技艺，这些精美的造型设计通过舞台或者影视镜头得到强有力的展现，这也必定为这种传统技艺注入新的活力。

浇铸

浇铸是传统的成型工艺，同时也是自古就有的金器加工方法之一。浇铸的对象主要适用于金属、塑料等材质，通过一体成型的方式使得金属、塑料等材质呈现出浮雕或者镂空的造型。在具体的浇铸过程中，首先要按照所要呈现的图形纹样制作模具，然后将熔炼好的金、银或者其他可熔炼的材质倒入模具中冷却。浇铸的过程中如果遇到黏性很强的浇铸液就得需要脱模剂的辅助，否则就会导致脱模困难进而损坏制品或者模具。浇铸液是按照一定的原料配比组合而成的混合物。配置好的浇铸液，一般要过滤去除杂质，在真空或者常压下静置脱泡。常用的脱模剂主要是石蜡、凡士林、高温润滑脂等。浇铸时将浇铸液用人工或者机械的方法注入模具内，物料通过聚合反映或者固化反映最后形成成品，当设计的浇铸品固化后即可进行脱模处理，最后经过修饰就可以完成一件浇铸作品的塑造。

模冲锤揲

锤揲适用于比较有延展性的材质，如金、银等。在技术体现上，一般需要事先按照设计需求刻制底模，利用金、银等材质质地较软、延展性强的特点，将锡铅合金制成的底模衬在金银板下反复锤揲。经过这样的锤揲敲打，底模上的花纹就翻印到金、银等材质上，被冲压出的凹凸起伏的图案纹饰就形成了明显的浮雕肌理效果。模冲锤揲法因为模具的固定性保证了同一材料成型的相同性及准确性，这种工艺在影视剧人物饰品的制作中盛行不衰，因为它既能够满足批量生产的需要，也可以根据不同的造型需要灵活调整其纹样图案。

2. 对于传统服饰中工艺的借鉴

中国传统服饰的工艺中也存在大量的浮雕与镂空造型方式，这些不同的造型工艺可以形成一定的装饰效果或者是具有一定的实用性功能。设计师可以对这些不同的工艺进行合理的筛选与借鉴，使其最大化的服务于现代表演服饰造型的创作。

手工压褶

手工压褶是中国传统服饰中比较常见的能够产生浮雕肌理效果的手工工艺，自古以来就受到人们的大力推崇。与其他技艺相较，它的操作方式更为简单和灵活，不需要特定的模具和专门的工具。但是这种手工压褶方式对于材料的选择有一定的要求，需要材料具备一定的挺括感和塑型力。如果选择比较柔软的材料，就需要事先通过材料硬化再造的方式得到挺括的材质，然后再对其进行手工压褶进而呈现出立体感较强的浮雕效果。我们在诸多影视资料和出土文物中都可以发现，中国传统的服饰擅长用褶，尤其是百姓的生活服装中褶皱的运用更为频繁。褶皱浮雕肌理的运用不但可以增加服装的层次感，提升服装整体的美观度，而且通过大量的褶皱可以增加人体腿部的活动空间，给百姓的行走劳作带来极大的方便。清代流行的"马面裙"，需要在"马面"的两侧打上细密的褶子，这些细密的褶子需要经过精细的数据推算及合理的布局，最后通过工整重复的褶皱呈现出服装的工艺美感。这些极致化的褶皱运用给设计师进行服饰创作提供了极其有效的工艺手段。除了褶皱的极致化应用，中国传统服饰中的刺绣工艺也是典型的装饰造型技法。除了在服装中营造的精致、丰富的装饰效果，刺绣在不同历史阶段还出现了各种不同的技法和流派。这些不同的技法和流派都有各自不同的刺绣造型特点和装饰风格，设计师在进行表演服饰造型设计时，可以根据各种客观需要对其进行合理的借鉴和转化。

总的来看，中国传统的建筑、雕塑、民间艺术、金属器物、传统服饰等不同艺术形态中都存在大量的浮雕与镂空应用，这些不同艺术形态的浮雕镂空造型方法和装饰手段给现代设计师提供了大量的可借鉴参考的模板。我们在进行表演服饰创作的过程中，可以不断学习与吸收这些优秀的历史与文化传承，同时根据客观的表演需求，借鉴这些优秀传统艺术中的浮雕与镂空造型方式与装饰法则，使之行之有效地服务于现代表演服饰的创作。

第二节　分析提取、简化提纯

分析提取、简化提纯的意思是化繁为简，去粗存精。从复杂的形态中挖掘出事物最主要的特征，将琐碎的细节进行概括，抓住重点、突出主题，使表达的形象更生动、更立体、更典型。自然物态与人造物态中存在各种各样的表面肌理：凹凸、粗糙、尖锐、缓钝，这些不同的灵感素材形态信息量庞大，将如此大的信息量全部汇集在人体有限的空间展现必然需要经过适度的分析与提取，化繁为简，突出主题。

雕塑、建筑中的浮雕与镂空造型不受空间和时间的限制，可以通过各种装饰纹样和图案造型表现宏伟壮观的场面与强烈震撼的视觉效果。而表演服饰中浮雕与镂空的造型手法是在人体这一相对的空间展开的，这种空间范围内的局限性就决定了浮雕与镂空造型方式的运用无法像建筑雕塑一样追求场面的宏伟和视觉的震撼。另外，表演服饰还具有一定的演出距离感和演出虚拟性。像舞台类表演观众始终与演员保持一定的距离，这就决定了浮雕与镂空的图形纹样要最大化的简单和概括，尽可能用微观的图形来表述宏观的场面。倘若过于追求繁复精致的浮雕镂空效果，那么有限的服饰造型空间加之舞台表演的距离感，必然会削弱整体的服饰艺术表现效果。此外，浮雕与镂空的造型工艺相当多一部分保留了传统的手工工艺制作方式，这种手工工艺的造型技艺需要我们对服饰的细节装饰进行一定的简化与提纯。比如服饰中能够塑造出浮雕感的绗缝工艺，如果纹样图案的细节设计过于复杂、图形排列过于紧密，其上的车缝明缉线也就会随之增多，从而导致夹层中的填充面料被压制过实，这样就失去了绗缝工艺原本应当产生的浮雕感效果。只有预先对图案进行简化和提纯，再通过绗缝工艺进行夹棉填充，才能实现完整的服饰外观浮雕效果的塑造。

一、对抽象情感的分析与提取

表演服饰创作离不开各种表演类型、角色性格、时代背景等客观因素的制约，同时设计师的主观情感也影响着表演服饰的创作风格。不同的人物有着迥异的性格，不同的设计师又有不同的主观情感，而这些不同的人物性格与设计师的主观情感往往是抽象存在的。我们在进行服饰外观浮雕或镂空肌理创造的时候，首先要将这些抽象情感转化为具象的服饰造型语言。比如表演题材和内容的不同会呈现出凝重、轻快、悲伤、喜悦等不同的气氛，不同的表演角色可以呈现出正义、狡诈、善良、纯真等不同的性格特征。对于这些信息量庞杂繁复的抽象情感，设计师要尽最大可能去进行整合、分析与提取，抓住典型的特征并运用恰当的浮雕镂空造型方式进行服饰的创作。比如要表现题材的历史厚重感，我们可以选择天然淳朴的棉麻材质去表现，通过堆褶的方式来塑造服饰的体感与量感，以此营造厚重的历史气氛；要表达表演人物的性感，我们可以选择镂空类型的服装面料或者通过镂空的工艺方式对原型服装材料进行再造，通过镂空后呈现的虚实、透空效果来表现人物性感的特征。不管运用何种工艺手段或者装饰法则来呈现服饰中浮雕与镂空的效果，在开展具体的创作工作之前，都应有这个分析与提取的过程。

我们还是以表演服饰作品《绽放》为例，看一下分析与提取的具体过程。《绽放》是三套服饰组合成的系列作品，意想表现生命中的努力、奋斗以及通过努力与奋斗之后得到的美好结果。

　　首先，将作品主题要表达的努力、奋斗、绽放等抽象概念进行具象性的思维转换。通过一系列发散式的联想，把具象物锁定为身边熟悉的自然物态——蝴蝶，利用具象物蝴蝶以及通过由破茧到成蝶的运动过程去表现生命中的努力、奋斗及绽放的状态。在具象表现对象确定的基础上，分析出蝴蝶由作茧自缚再到破茧成蝶的过程中表现出的束缚、挣扎、绽放等不同的动态特征，同时提取出最能够表现这些不同动态特征的具象视觉元素：用蚕丝和蚕茧来表现束缚，用震动的蝴蝶翅膀来表现绽放。经过对该服饰表达主题与具象视觉元素的整合、提炼，确定服饰中要表现出蚕蛹的粗糙肌理感、破茧过程中的束缚感以及破茧后的华丽感。紧接着，依据分析的不同动态特征及提取的具象视觉元素确定了三套服装的基本形制和装饰方法。通过内轮廓塑型的方式来体现蚕茧、头饰的轮廓造型，用肌理再造的方式对服饰整体、耳环、鞋进行装饰与丰富。同时，为了增加整体的视觉表现效果，用化装塑型的方式制作镂空形式的面具，并塑造服饰外表面茧丝包裹的立体效果。

　　在服装基本廓形上，三套服饰都选择极简廓形的礼服裙作为基础框架。将不规则的椭圆状茧形轮廓分别用在服装的胸部、头部、臀部三个部位，这样每套服装都有一个茧形轮廓作为突出的重点，但是整体视觉上三套服装又形成了彼此协调均衡的感觉。

　　在色彩上，现实中蚕茧多为米黄色或白色，蝴蝶则是斑斓的彩色。但考虑到实际的表演展示效果，将蚕茧和蝴蝶的色彩进行了提纯，蚕茧进化为纯白色，而原本色彩斑斓的蝴蝶则简化为红色。由此确定了红白为该系列服饰的主体用色，用红白对比色强化服装整体的色彩冲击力。

　　在服装材料上，依据现实中蚕茧表面的粗糙肌理以及蝴蝶翅膀纹样呈现的精致细腻的效果选择了粗糙与细腻两种对比反差较大的材料。考虑到服装廓形体积的塑造，材质需要具备一定的厚度和塑型效果，于是选择了类似于纸张质感的无纺布。运用白色粗质感无纺布进行蚕茧外轮廓的肌理塑型，红色细腻无纺布则进行装饰细节的补充。

　　这样，经过不断地分析整理与提取简化把蝴蝶所有的特征风貌通过服装的形态、色彩、材料视觉化的表达出来。最终，《绽放》作品三套服饰造型通过对束缚、挣扎、绽放等抽象情感的分析与提取，将其转化为具有浮雕或镂空肌理风貌的外观形态的展现。

二、对自然物态的简化与提纯

　　表演服饰中浮雕与镂空造型方式的运用往往会从纷繁浩瀚的自然物态中寻找灵感，通过不断地简化与提纯完成自然物态与表演服饰之间的沟通与对话。服饰中带有浮雕镂空肌理的纹样图案甚至会直接运用到各种自然物态的外观形态，通过形态的还原与塑造实现观众审美与服装造型语言之间的共鸣。自然物态中的花朵、蝴蝶、树木等都具有丰富精致的外观形态或是交错复杂的内部结构，它们都是设计师进行浮雕镂空肌理创作的重要素材。但是这种能够产生情感共鸣的自然物态作为重要的素材对象在表演服饰中呈现之时，就要通过特定的创作思维对其进行合理的分析、抽象与综合，找到合适的切入点进行筛选、简化与提纯，使其丰富的外观形态或复杂的内部结构更加合理的在相对有限的人体服饰空间内展开，这样设计出来的作品才会更加具有创意。

　　简化与提纯的过程需要反复细致的深入推敲，使其更加符合并适用于表演服饰的创作。比如浮雕与镂空的装饰图案中经常会使用花朵元素的装饰，这种花朵装饰的呈现一般都是"取精华、弃糟粕"之后的创作结果。在自然物态中花朵的种类繁多、形态各异，且每一朵单独的花朵形态又有着不同的造型特点。我们在进行花朵刺绣、花朵镂空等不同的肌理塑造时，无法将其自然的形态像写实绘画一样还原到服装中，需要对其进行合理的简化与提纯，使其更加符合表演服饰的造型方法和装饰法则。首先，我们可以对花朵的花瓣形态、花瓣数量、花朵体积等具象形态进行分离简化，将各种繁复的具象元素进行提炼。接下来，按照一定形式美法则和组合规律对这些简化后的图案造型进行重新设计排序，使排序后的外观形式和内在结构能够呈现出花的造型特点。除了对于花朵造型的简化与提纯，蝴蝶也是浮雕与镂空装饰中经常用到的经典元素。如前文提到的服饰作品《绽放》，就采用蚕茧、蝴蝶的元素进行浮雕镂空肌理的塑造。通过对自然物态中蝴蝶的简化与提炼，摒弃了蝴蝶的触须和翅膀上丰富的色彩，仅保留了蝴蝶翅膀的外在轮廓作为基本的造型元素。在此基础上，又对蝴蝶翅膀进行了抽象化处理：将蝴蝶的一对翅膀简化为斜长的菱形块，将两块菱形块对折并相互粘贴，这样就形成了一对蝴蝶造型的抽象化翅膀。

在魔幻影视剧《青丘狐传说》中，狐仙角色特征的体现也是通过头饰的镂空纹样来传递的。设计师紧紧把握了角色的身份与狐狸的紧密关联性，对狐狸的面部造型进行了简化与提纯，保留了狐狸面部的外部廓形——竖立的耳朵与尖尖的面颊。对狐狸的眼睛、鼻子、嘴巴进行了抽象化整合，并将其概括成流线型镂空状纹样。经过简化并提纯后镂空头饰呈现出狐狸面部的外观廓形，内部的镂空又表现出狐狸的五官特征。最终得到装饰象征意味极浓的镂空发饰，这种镂空装饰的范围虽小却取得了画龙点睛的作用，并且很好地引起了观众的共鸣。

三、对人造物态的简化与提纯

表演服饰设计中浮雕与镂空的造型体现不但受到自然物态的影响，同时也受到越来越多人造物态的影响。设计师通过自己的主观情感和创作积累对现实生活中的各种人造物态进行适度的艺术加工，通过归纳与概括对繁复复杂的纹样图案进行整合，用抽象化的思维方式将这些烦琐的图案进行重新解构排列，使其更加适用于现代表演服饰的创作。

在中戏服饰展演作品中，林奕彤的系列服饰作品以传统京剧作为服饰的主题，将传统京剧元素与现代服饰廓形结合，用现代服饰造型去表现传统的国粹艺术。为了寻得现代与传统的协调，该系列服饰并没有照搬京剧服饰中极具特色的纹饰图案，而是在原有基础上进行了一定程度的简化与提纯。如对京剧服饰中常见的海浪纹进行了一定程度的简化，将其重组排列组合在现代服饰廓形上，用黄色麻绳缀缝在黑色丝绒布料上面，这样黄色麻绳塑造的强烈浮雕肌理就将京剧纹饰很好的突显出来。通过大刀阔斧的简化与提纯，将传统京剧服饰中海浪纹元素进行了整合。在保留其原有造型特色的基础上，又运用黄色麻绳缝缀并形成浅浮雕式样的浮凸效果，起到了很好的装饰作用，做到了现代与传统恰当的融合。不但满足了大剧场展演场地观演距离的需求，同时也获得了很好的视觉冲击效果。

　　大多数情况下，我们在进行浮雕与镂空造型方式运用的时候，会从设计师自身的抽象思维情感或者从我们周围生活中的自然物态和人造物态中去寻找灵感。当确定好灵感源或者是有了创作的切入点后，就要对这些繁杂的灵感源头进行深入细致的分析，同时在各种庞杂繁复的形态变化中提取出最为典型的造型特征。根据服饰创作的具体需求，对分析提取出的典型造型进行适度的简化与提纯，使之转化为服装的独特语言，并使得最终的浮雕与镂空造型方式呈现出最佳的视觉效果。

第三节　繁复

　　繁复是指繁多且复杂表演服饰造型中浮雕与镂空造型方式为了得到凹凸、高低的肌理往往利用繁复的手段对材料肌理进行规律性的重复或增加，形成具备一定形式美感的造型形态。

一、利用褶皱的方式进行繁复处理

　　褶皱是最为简单且行之有效的材料肌理再造的方式，通过褶皱形式的繁复处理可以使材料产生浮凸感的肌理效果。常规状态下，褶皱的处理会运用到可以进行折叠熨烫并且相对柔软的材料上面。在一整块面料上通过抽、缩、折等简单的手工工艺处理就可以得到一定数量和体积的褶皱形态，这些繁复的褶皱形态往往需要多倍长度的材料重复折叠堆积，因此能够形成一定的重量和层次体积，可以让再造后的整体材料呈现出浅浮雕般的立体效果。日本著名的设计大师三宅一生（ISSEY MIYAKE）[①] 就擅长各种不同形态的褶皱处理，通过褶皱的繁复出现让服装形成一种新的风貌，在不改变原有面料物理性能的情况下，用褶皱的变化赋予服饰强烈的浮雕效果。早在 20 世纪 80 年代初，三宅一生就以三宅褶皱为主题推出系列时装，并以此跻身巴黎时装舞台（图 4-3-1）。

―――――――――――

[①] 三宅一生（1938— ），日本著名服装设计师，他以极富工艺创新的服饰设计与展览而闻名于世。

图 4-3-1　三宅一生为芭蕾舞者
设计的褶皱服装 图片来源于网络

浮雕意味极浓的繁复褶皱处理的方式非常多样，选择的材料及手法都非常丰富，褶皱的走向及细密程度也可以根据设计师的主观感受灵活调整。在表演服饰创作中，设计师最为常用的褶皱肌理再造方式主要分为手工压褶与机器加压两种。

1. 运用手工压褶的方式进行褶皱处理

手工压褶，顾名思义是用手工的方式进行服饰材料或者服饰表面褶皱肌理的塑造，它是褶皱最为灵活的一种工艺方式。根据设计师的不同主观设计要求，我们可以灵活改变压褶的数量及面积大小，通过高温蒸汽熨烫或者手工缝制的方法对材料进行固定缝合，进而让服饰材料形成浅浮雕形式的褶皱造型。手工压褶的方式比较随性自由，设计师可以按照表演造型的不同需求将服饰材料进行有规律或者无规律的针线缝合，进而得到浮雕形式的肌理效果。根据褶皱形成的不同效果及不同的褶皱工艺，我们可以将手工压褶的方式分为抽褶、缩褶、折叠、自然悬垂、司马克褶、聚拢成褶、手工缝制等不同的手工造型方式。

抽褶与缩褶最为常用，得到的褶子形态也较为类似。抽褶是将布料车缝或者手缝，通过车缝后缉线的收紧就可以让收紧后的布料紧密地聚集在一起，这样就在布料表面形成一定的碎褶。缩褶一般多是在布料背面缝制松紧带，利用松紧带的弹性使得布料在一起聚集并形成碎褶。缩褶与抽褶作为基础的褶皱肌理表现技艺，在表演服饰造型中运用非常广泛。如塑造褶皱肌理的泡泡袖、羊腿袖、裙摆或者服装细节装饰等都会用到抽褶与缩褶的工艺。在比较有性格特点的人物服饰中，上衣袖口有时会采用夸张的羊腿袖的设计，在袖山部位进行抽褶让其变高，这种细高且具有一定褶量的形态就很好地将人物高高在上的身份表达出来。此外，还可以在袖山和袖口处同时抽褶，用圆圆的细密的褶皱状造型来表现角色年轻的状态及可爱的性格。

折叠也是常用的褶皱手法，在褶皱塑造过程中，可以根据实际需求控制褶的数量及大小。折叠的层次越多，凸起的空间越大，产生的浮雕效果也就愈加明显。当运用折叠手法的时候，要特别注意服装材料的选择和服装工艺的运用。常规状态下，手工折叠多选用较为硬挺的材料，比如窗帘布、杜邦纸等，这些面料经过简单的手工折叠或者假缝固定就可以呈现出想要的浮雕肌理效果。但是重复的折叠会让大量的材料积聚并产生一定的自重，甚至许多非常规材料很难实现设计师的设计意图。基于这些原因，设计师不得不在一些柔软的薄型面料中进行选择取舍。柔软的薄型面料塑型能力较弱，在运用折叠手法的时候，首先要对其粘贴内衬并进行高温蒸汽定型或者是对其进行手工固定缝合，以此来达到褶皱定型的效果。在北电青岛分院服装展演中，雷璐琦同学的西洋裙作品，其裙子的主体部分就通过折叠的方式来得到呈现。选择具有一定厚度的窗帘布料，这样可以最大化的保证折叠后的硬挺质感。以腰部作为放射点，规律的将布料折叠并加宽折叠的面积，手工固定腰头与布料横截面。同时，将支撑裙撑的龙骨由单层加厚为双层，强化裙撑的支撑力度，保证裙撑能够担负折叠后布料的重量。通过这样繁复的折叠处理，增加了布料的厚度与肌理感，形成强烈的浮雕形式。但是这样繁复的折叠方式导致本身就有重量的窗帘布产生了很大的自重，会让演员产生不适感。好在本次服装展演持续时间较短，演员的负荷不会过重。如果在一场完整的戏剧演出中，演员穿着这样一套有重量的裙装演出，势必会影响到其穿着的舒适感甚至会直接影响到演员的表演。这种情况下我们就要用一些轻型的材料对其进行替代，通过上文讲过的处理方式，让其更加适合手工折叠的形式，不但能够保证演员演出的舒适性，同时又可以塑造丰富的视觉肌理效果。

司马克褶是指将布料按照一定的规律进行缩缝，这样就形成了格纹、网纹、蜂窝状等不同形态的凸起肌理。根据发源地的不同，可以将司马克褶分为英式、意式、北美式等不同的形式，这些不同的式样又有不同的呈现效果和制作工艺。设计师可以根据这些褶皱表达的不同效果进行选择，用司马克褶的内部形态和在服装上的布局来体现人物的主要性格特征。比如塑造某些具有理性、严谨等性格特征的人物，可以选择工整的格纹状司马克褶，利用褶的直线条、工整性等视觉特点表达理性及严谨的特点；塑造具有开朗、活泼等性格的人物，可以选择网纹状的司马克褶，利用褶的斜线条、跳动性等视觉特点表达开朗、活泼的特点。

悬垂成褶是将布料的一端固定并让其下垂，在重力的作用下，布料自由下垂形成褶皱。服装中对于悬垂褶的运用可以追溯到古埃及、古罗马及古希腊时期，人们将一整块服装材料在身上包裹缠绕，将人体的肩部、腰部、臂部等处作为力的集中点，利用织物的悬垂性来呈现服装中浮雕状流动的褶皱造型。这样根据布料的缠绕位置及受力点的不同，可以悬垂出不同的褶饰造型。虽然这些自由下垂形成的褶饰形态灵活多变，但是因为没有对其进行熨烫或者手缝固定，褶皱的结构容易散开，尤其当人们活动幅度较大时，这种悬垂的褶皱也会随之发生很大的改变。目前，这种古老的悬垂成褶的设计形式多用于定制类礼服的设计或者是日常生活中的成衣设计。在表演服饰的创作中，为塑造某些具有富贵、华丽身份特征的女性角色时也会经常使用这种悬垂成褶的创作手法。在面料的选择上，可以利用绸、缎等有光泽感和一定悬垂感的面料，这些材料的光泽感可以很好地将人物身上华丽的特征表现出来，通过自然成褶在空间、方向特征上的辅助又极大地加强了这种华丽的特征。当利用悬垂成褶的手法塑造某些比较清新、典雅的女性形象时，丝绸面料的运用可能就不太适合，这时可以选择一些比较轻薄的棉麻及纱质材料。

这类材料虽然能够在材质的属性特征上满足要塑造的人物形象特征，但要呈现丝绸流水般的褶皱效果就有一定的难度。我们可以利用镂空、堆积、缠绕、缝缀等方式改变材料的力学性能来得到悬垂的美感：在成型的服装轮廓边缘堆积花边或者在纱料表面缝缀装饰物，这样就在堆积或缝缀的部位形成了一定的重量，从而增加了悬垂成褶的悬垂性；也可以对悬垂中的某一部位进行镂空处理，这样去掉部分的重量会变轻，从而使得这一部分材料的原始重量感失衡，从而导致未被镂空的部分表现出超乎平常的悬垂效果。设计师在运用这些不具备悬垂特征的材料进行创作时，可以结合多样化的手段去增加材料的悬垂性，以取得预期的悬垂美感。

聚拢成褶主要是指将面料聚拢，然后用绳或者布缠绕包裹，将其浸泡湿润后放到通风的地方晾干，这样晾干打开后就可以形成自然的褶皱效果。但是这种褶饰定型效果不强，遇水或者洗涤后难以保持。在表演服饰造型中，为塑造某些生活窘困的人物形象时，有时会用到这种聚拢成褶的手段。但是设计师要特别注意这种褶皱保存的时效性，如果对服装进行熨烫或者被演员长时间穿着，那么高温或者引力都会让这种聚拢褶的效果弱化甚至是消失。一般这类褶皱造型的服装洗涤晾干后都会重复最初的手法去重新制造聚拢褶，也可以待每场演出结束后将这些服装包裹缠绕保存，以保证下一次的演出能够呈现应有的褶皱效果。

手工缝制法是在布料上面进行两点、三点或者多点的随机缝合，形成比较随意的褶皱肌理效果。在 19 世纪的西方国家，这种手工缝制的方法比较多见。手工缝制的方法基本没有工艺上的制约，只需要针线就可以完成褶皱肌理的丰富塑造，是一种原始、纯粹的手工工艺，但是却体现出一种极富想象力的思维模式。在讽刺歌剧《鼻子》[①]中，为了更好地揭示社会的畸形和人物内心的扭曲，在服饰造型设计上，用极度夸张扭曲的浮凸感廓形来表达

---

① 歌剧《鼻子》，2006 年北京保利剧院首演。导演：陈薪伊，舞美设计：王晶，服装设计：吴俊羲。

图 4-3-2　歌剧《鼻子》中手工缝制的褶皱肌理　服装设计：吴俊羲

人物内心的扭曲和畸形。在具体体现过程中，通过不规则的手工缝制的方式来体现服装局部的凸起，通过灵活的手工缝制产生的浮凸肌理来表现不同的人物性格（图 4-3-2，图 4-3-3 见文前彩插）。手工缝制法虽然能够表达出自由随性的状态，但是因为其手工特性，多数情况下需要耗费一定的制作时间和制作成本。歌剧《鼻子》的每一套服装都堪比高级定制，服装外观凸起的廓形、褶皱全是由设计师带领七八名工人纯手工完成。手工的灵活控制的特点及特有的塑型效果使得该剧形成了鲜明的服装风格和强烈的舞台效果，同时手工褶皱的夸张塑造也更加适用于存在一定观演距离的大剧场演出剧目。另外，在电影或电视剧这样的高清镜头下，手工缝制的方式除了要还原剧中人物身份性格特征、符合观众审美等条件外，还要特别注意工艺方面的问题，一定要考虑高清镜头的限制因素，手工的工艺要经得住镜头的打磨和推敲。

2. 利用机器加压的方式进行褶皱处理

机器加压是利用现代化机械手段对服饰材料进行褶皱处理，利用高温和高压的双重作用力，使得服饰材料呈现工整规律的褶皱效果。机器压褶多选择化纤材料，这种材料遇热定型可以形成永久性的褶皱。通过机器加压形成的褶皱与人工压褶所呈现出的褶皱效果基本一致，但是与人工压褶不同，机器高温压褶更适用于批量化的材料制作。褶皱机可以通过电脑编程设计出各种纹理与图案，可以进行批量的褶皱加工，也可以对裁片或者是单件服装进行加工。影视或舞台剧中，某些群演的服饰或者是需要批量的服饰肌理塑造，都会用到机器加压的方式去展现，经过高温压褶处理，可以直接得到浮雕形式的材料外观，大大节省了褶皱处理的时间和人工成本。

二、利用堆叠的方式进行繁复处理

堆叠是将服饰材料按照设计好的图形，切割或者裁剪成所需的大小，层层堆放在基底材料之上。与褶皱相同，堆叠同样可以达到繁复的效果。一般情况下，褶皱多是在不破坏材料完整度的前提下进行整体的工艺处理；而堆叠的形式则需要事先将材料裁剪或者切割，然后将这些裁切好的裁片进行缝制、黏合或堆叠，通过繁复的叠加形式在服饰基底材料之上形成浮雕效果。堆叠往往需要一定的量，这种量包括了堆叠材料的体量和堆叠层数的数量，通过多层的堆叠形成较强的半立体浮雕造型，堆叠的层数越多，形成的浮雕效果越为强烈。堆叠有时候会配合褶皱的处理，以此强调更加立体的造型效果。

堆叠的方式可以运用到表演服装的某些局部，比如肩部、裙摆、袖口等处，通过堆叠可以在这些服装局部形成一定的体积，从而起到强调的作用。

图 4-3-4　话剧《艾比大王》中艾比大王
（王子辰饰演）服装肩部的材料堆叠处理
图片摄影：赵伟月

比如在之前提及的表演服饰造型作品《绽放》
中，主体服饰造型的裙部拖尾荷叶边的浮雕立
体效果即是通过堆叠的方式来体现完成。事先
将白色无纺布裁剪成长条状，通过手工打褶的
方式将打褶好的布料固定在裙底之上。在完成
的第一层荷叶边基础上，进行第二层布料的堆
叠，经过繁复的堆叠处理，最终形成层层分明
的立体浮雕效果，强调出服装的柔美之感。在
中央戏剧学院演出的话剧《艾比大王》[1]中，
艾比大王一角的肩部造型中也利用了堆叠的形
式。通过深色系的纱质材料及金属材料在肩部
的堆叠，形成了比较突出的肩部造型，将人物
权贵的身份很好地表达出来（图 4-3-4）。

　　通过对褶皱、堆叠材料的精准选择，利用
不同材料的自然属性和隐喻表达将表演人物的
身份及性格特征很好地呈现；不同的褶皱手段、
堆叠方法或者是褶皱和堆叠结合运用的手法，
又使得服装的整体或局部呈现出繁多且复杂的
效果，最大化地保证了服装的视觉效果。

---

① 话剧《艾比大王》，2010 年中央戏剧学院实验剧场首
演。导演：朴贞姬（韩国），舞美设计：孙大庆，服装设计：
胡晓林，化装设计：孙晓红。

第四节　重组

　　重组是指对服饰材料进行编排组合，以形成新的肌理风貌。表演服饰造型中，通常会通过附加的装饰手段进行服饰材料外观的重组设计，这种重组方式往往能够起到画龙点睛的视觉效果。

　　重组在表演服饰造型中的表现实际是在不破坏原有材料结构的基础上，对两种甚至多种不同材料进行重新编排与组合，这些重新编排后的材料通过缝缀、拼贴的手法形成具备崭新风貌的凹凸肌理效果。

一、通过缝缀的方式进行重组

　　缝缀是表演服饰造型中较为常用的工艺手段。将亮片、珍珠、宝石、水晶及其他小颗粒装饰物作为附加装饰，通过缝缀的手段使这些颗粒状装饰物与服饰基底材料重新组合，并产生不同形式的图形纹样，从而使原本平面的材质产生凹凸的肌理感。通过缝缀材料的质地、大小，在服装中运用的面积以及布局的设计表达表演服饰所传递的情感信息，并形成一定的视觉冲击力。

　　要塑造华丽的服饰造型，经常会选择悬垂质地的闪光面料作为服装主体用料，在其表面缝缀以亚克力钻、珍珠、亮片等具有反光效果的装饰物并以此形成一定的浮凸肌理。颗粒状装饰物的反光效果与服饰基底材料相得益彰，可以很精准地反映出穿着者的身份角色特征。根据表演服饰的不同需求，材

图 4-4-1　印度弹簧绣绣片
田乐乐摄于印度苏拉特

图 4-4-2　印度弹簧绣绣制场景
田乐乐摄于印度苏拉特

料的颜色可以与服装主体一致，也可以有所区别，缝缀的材料也不仅仅局限于以上的几种，可以选择羽毛、贝壳、石头甚至是其他特殊的材料。比如起源于印度的弹簧绣是近几年表演服饰造型中塑造浮雕肌理效果较为常用的缝缀方式。这种绣法又称为筒金绣，是以印度地区的金色弹簧管为材料，根据纹样需要，将弹簧截取成需要的长度后按顺序排列，通过缝缀固定弹簧片形成浮雕肌理感（图 4-4-1、图 4-4-2）。弹簧绣的色泽多为金黄色，特别适用于徽章、领口、袖口等细节处的装饰。在电视剧《半妖倾城》中，男主角服饰的领口、袖口等处都使用了弹簧绣来塑造服装肌理。弹簧绣片金属的质感及色彩与服装棉麻质感及黑灰色彩形成强烈的对比，加强了金属弹簧片的装饰效果，同时也能够从服装上看出穿着者的贵族气息。总的来说，缝缀的材料一般多选择体积较小的装饰物，这些装饰物在与服装主体材料进行重组的时候，要事先做打孔或中空的处理，以方便缝缀的实现。如果直接将缝缀的材料进行简单的粘贴固定，那极有可能出现缝缀材料与服装主体脱离的情况，从而发生不必要的演出事故。

二、通过拼贴的方式进行重组

拼贴是指将两种或者多种不同的材料进行拼合处理。除了充分考虑材料的色彩、图案、肌理搭配外，有时候还在工艺上结合绗缝、刺绣等形式，使拼贴后的材料更加具有层次和立体感。表演服饰造型中拼贴的方式主要有两类：直接式的拼贴和切割式的拼贴。

1. 直接式的拼贴

拼贴最为简单的运用莫过于对现有材料的直接运用。将金属箔片、皮革、蕾丝、毛毡、麻绳、金属丝等材料剪刻或弯折盘绕成所需要的纹样图案，然后拿绣线加以固定或者直接粘贴在基底材料上作为装饰，以此形成浅浮雕的形式。

不同颜色或质地的纹样拼贴

设计师为了塑造表演服饰中的浮雕镂空效果，有时候会选择与服装主体不同色彩或者不同质地的纹样进行拼贴组合，因为不同材质或者不同颜色间的对比，可以形成凸出强调的效果。

在北京卫视真人秀栏目《跨界歌王》中，多次用到这种直接式的拼贴工艺。如郭涛及其舞群的哈萨克族风格服装，直接选取了镂空纹样通过高温熨烫粘贴在服装外袍上。金色绣片整体呈现金黄色，服装主体整体呈现白色，这就形成了极强的颜色反差。另外，绣片在灯光照射下呈现一定的反光效果，服装主体亚麻材质却呈现出亚光的效果，不同的材质在光源下的不同效果也产生了强烈的对比。服装整体上颜色与质感的反差凸出强化了纹样的浅浮雕效果，将哈萨克族极具特点的纹样形式呈现在观众面前。

相同颜色或质地的纹样拼贴

选择与服装主体相同色系或者相同质地的纹样进行拼贴组合，这样形成的造型彼此产生关联，形成富有秩序、和谐统一的美感。电影《西游记之三打白骨精》中，白骨精一角的服饰造型多用长款外袍来塑造白骨夫人"妖魔"的身份，色彩上多选用白色来隐喻她"无生命"的特征。在白色的外袍表面用同样白色、形态各异的绣片进行浮雕性的拼贴处理，袖部及领口的拼贴较为平贴，部分绣片出现边缘架空的效果，这样平贴与架空结合的形式让服装整体上更加富有节奏变化。肩部的绣片整体上偏大，并利用深浮雕的形式进行拼贴处理，体积上扩大了肩部的轮廓造型，极大地丰富了服饰的肌理装饰效果。在中戏演出的话剧《孔雀东南飞》①中，诗中人物的服装也是纯白色基调，在服装的最外层用白色颜料进行不规则的涂刷处理，最终形成了斑驳的肌理效果，增加了服装的整体层次感（图4-4-3，见文前彩插）。这种类似绘画的处理方式虽然没有用到缝、绣、贴等服装的工艺手段，但实则是利用颜料与纤维附着黏合的特性，最终达到了与缝、绣、贴等工艺一致的效果。在具体的操作过程中，这种类型的拼贴方式要注意颜料涂刷的薄厚程度、服装的使用频率以及表演的具体类型。如果涂刷得过厚，可能会导致颜料开裂或者与服装基底材料脱离的情况，所以要特别注意颜料薄厚的控制以及与不同基底材料黏合的牢固情况。另外，多数颜料遇水会容易开裂或者融化，所以这种拼贴的方式还要考虑到服装的使用频率，如果服装使用频率较高或者需要洗涤，那就要提前考虑制作备用服装。最后，涂刷的方式形成的效果天然、粗犷，往往更加适合于大舞台的剧目表演，如果电影电视等表演类型的人物造型，就要对这种手法慎重选择。

---

① 话剧《孔雀东南飞》，2011 年中央戏剧学院北剧场首演。导演：姜若瑜，舞美设计：刘杏林，灯光设计：王宇钢，服装设计：胡万峰，化装设计：田丹。

蕾丝的拼贴

众所周知，蕾丝属于舶来品。因为其织造工艺令其本身就是镂空面料，同时也造就了其性感、神秘、优雅等多样化的特点。蕾丝最早起源于 14、15 世纪的欧洲国家及地区，当时是为了防止服装的边角脱线而用来包边的花边装饰物，我们在西方历史剧中，很容易发现蕾丝装饰的服饰。在国内表演服饰中，蕾丝因其镂空的特点，与中国传统的含蓄内敛的审美意识相背离，大多数情况下是以配角的形式出现。如在服装裙边、袖口或者领口等进行小面积的装饰。李少红版《红楼梦》的服饰造型可谓是对于蕾丝材料的一次大胆尝试。设计师叶锦添将这种舶来材料进行粘贴式重组，最外层是通透的蕾丝材料，里层则是纯色系细密材料。这种一张一弛的组合，恰恰是利用了蕾丝原本镂空的风貌以及里层内衬材质的含蓄特征，这样透空与不透空的重组在视觉上营造出全新的浮雕效果，极大地丰富了服饰的隐喻表达及视觉冲击力。在这之后出现的影视或者舞台服饰作品中，蕾丝的这种粘贴式重组的用法也越来越多。如谍战剧《麻雀》，许多角色经典的服饰造型就采用这种粘贴式重组的方法。李小男一角的服饰造型中，在肩部及领部运用黑色镂空蕾丝进行拼贴式重组，蕾丝的运用很好地将李小男一角俏皮活泼的性格特点表现出来。同时，通过蕾丝与基底面料的重新组合，又掩盖削弱了蕾丝镂空通透的特性，符合《麻雀》剧中的时代背景。表演服饰中借用蕾丝性感、神秘、优雅的材料属性特征并将其与不同的材料拼贴重组，这样就会产生意想不到的全新效果。设计师可以大胆地运用这些重组后的效果对剧中人物的身份及性格特征进行更加充分的表达，让蕾丝这种舶来品更加适应于中国本土的环境。

2. 切割式的拼贴

切割式的拼贴方式区分于直接式的简单拼贴。直接式的拼贴是凸显第一层表面的材料，而切割式的拼贴形式意在凸显第二层材料或者是服饰的里层

图 4-4-5 话剧《虎符》中魏太妃（王嘉莹饰）服装切割式的拼贴处理
图片摄影：赵伟月

面料。这种拼贴方式最初来源于德意志风格的军队服装，先对布料进行切割破口处理，形成镂空感，继而将内部衬衣显露出来。随后人们在此基础上，刻意将服装的表层剪开口子，让异色的里衬颜色显露出来，形成突出于服装表面的肌理效果。在中央戏剧学院演出的话剧《虎符》[①]中，其服饰造型就

————————————————————

① 话剧《虎符》，2011 年中央戏剧学院实验剧场首演。导演：刘国平，舞美设计：孙大庆，服装设计：胡万峰，化装设计：刘红曼。

利用了这种切割式的拼贴工艺。首先将服饰表面做切口的处理，在切口的内层附着里衬，并将这种里衬显露出来。切口处不经意的毛边处理以及里外服装材料和颜色的对比，都很好地将服装的历史质感及人物的身份性格表现得淋漓尽致，起到了很好的视觉艺术效果（图 4-4-4，见文前彩插，图 4-4-5）。

在儿童剧《白雪公主与七个小矮人》中，白雪公主一角被巫婆变幻的王后流放在外，为表现她身份的特殊性——既要有公主的特征，又要表现出被流放的境况。在服装造型中，将袖子部分进行切割设计，在袖子外轮廓的表面用没有反光效果的暗蓝色丝绒面料，里衬则用缎面的红色丝绸面料。红色的丝绸通过切割后的破口显现出来，与外层暗蓝色丝绒形成强烈的视觉反差。没有反光的蓝色丝绒材质将白雪公主被流放后的境况和心境很好地表达出来，同时通过红色丝绸切割式的拼贴组合又将她公主的身份呈现给观众。这些切割式的拼贴方式在表演服装造型中的应用，往往选择不同材质、不同色彩的外层和里衬，同时在里衬和外层材料上又可以做一些特殊化的效果处理：在里衬添加塑型材料，让里衬的隆起效果更加强烈；将外层材料与里衬按照轮廓缝合，又或者做架空处理；在外层轮廓线边缘做毛边处理，等等。这些不同的处理方式都可以产生不同的浮凸视觉效果，甚至起到一箭双雕的目的，设计师可以根据表演服饰的造型需求灵活调整。

第五节　破坏再造

　　表演服饰造型中的破坏与再造表现为对服饰的外观形态进行人为的破坏，使其肌理、质感等发生较大改变，创造出层次丰富的服饰外观风貌。破坏再造的手段有很多，如剪切、撕扯、腐蚀等，通过这些不同的工艺手段所呈现出的肌理效果大相径庭，甚至因为这些破坏再造的工艺特点，使得服饰肌理呈现出一定的随机性。根据不同的破坏再造手法，我们将其分为物理和化学两大类。

一、通过物理手段进行破坏再造

1. 剪刻

　　剪刻是指在要表现的材料上沿着一定的轨迹用剪刀、刀具等利器剪切或者雕刻所需要的纹样或者图案，制造出镂空的效果。剪切包括手工的雕刻、剪切，机械的雕刻、剪切以及现在比较流行的激光雕刻。剪切的图形边缘一般较为整齐，工艺手法灵活随意，给人自由随性的感受。表演服饰中剪切的形式与传统民间艺术中剪纸的剪切方式基本一致，因此表演服饰造型中的剪切的手段往往能够产生剪纸的镂空效果。首届麒麟杯人物造型设计大赛中，李姝特同学的服装作品就大量运用了剪刻的手段，选择接近纸质感的服饰材料进行剪切处理，并将其附着在基底布料上面，最终呈现出剪纸般的艺术效果（图4-5-1，见文前彩插）。一般情况下，剪刻是为了呈现完整细腻的纹样或者图形，因此表演服饰造型中剪刻手段的运用通常会选择比较挺括且不易产生毛边的材料，如毛呢、皮革、PU甚至是EVA等非常规服装材料。这些挺括的材质可以保证剪刻后的镂空纹样不易在人体结构上堆积，最大化地保证镂空纹样的完整性，同时，不易产生毛边的特点又可以最大限度地保证镂空纹样的清晰度。

剪刻的方法是表演服饰肌理塑造中经常使用的一种手法，同时也是塑造镂空效果的主要方法。但是剪刻手法的使用一定要注意服装材料的选择以及剪切后服装纹样的工艺性。在大舞台的表演服饰创作中，考虑到观演距离和舞台效果，这种剪刻的纹样会被放大处理，因此工艺性往往不是考虑的第一要素。但是影视剧中的剪刻处理，尤其是在局部的精细纹样塑造中，工艺性就要作为考虑的重要因素，这时就要运用一些科技手段，如机器剪刻或者是通过后期的一些工艺处理让剪切后的造型精细化，使其经得住镜头的推敲和检验。

2. 撕扯

撕扯是指通过两个相对的力量进行不规则的撕扯，人为或者机械的破坏材料的局部组织纱线，从而使撕扯后的材料形成不规则的毛边，产生粗犷原始的表现效果。

撕扯区别于剪刻，两者的呈现效果有很大不同。剪刻偏向于具象、复杂化图案的镂空塑造；而撕扯则偏向于粗犷、抽象化图形的镂空塑造。另外，剪刻一般选择挺括且质地细密的皮革、毛呢等材料；而撕扯则更加适用于柔软、纱织稀疏的棉、麻、亚麻等材料，这种材料的纤维通过人为的外力可以轻易断裂并且营造出参差不齐的特殊效果。

表演服饰创作中，为表现人物性格的放荡不羁、窘迫不堪或者是为了营造战争打斗后形成的特殊肌理效果，可以用撕裂的手段进行表现。撕裂的破坏方式可以使棉麻材质表面形成不规则的天然孔洞，而这些材质的稀松质地又因为撕裂破坏形成粗糙的毛边，配合镂空空洞效果塑造出放荡不羁、穷困潦倒的表演角色形象。

撕扯是一种比较灵活的镂空手法，通过控制人为的外力施压对服装织物表面进行破坏，从而产生新的随机的肌理风貌。这种随机性和不确定性也大大加强了服装的原创性和趣味性，通过撕扯的处理，可以让被破坏的局部更加自然生动，配合服装材料的做旧手法，往往能够达到以假乱真的写实效果。

3. 刺绣

刺绣是塑造服饰肌理效果最为传统的造型技艺。刺绣的方式很多，根据不同的需要，可以分为手绣、机绣以及电脑绣制，每一种又因其不同的工艺以及选择的绣线不同而呈现出不同的浮雕肌理效果。其中通过半立体式的刺绣方式得到的浮凸感肌理效果最为突出。半立体刺绣是通过在材料内部附加棉花等填充物，得到高出于原型材料表面的刺绣形式，通过这种材料的填充方式，可以形成强烈的浮雕感效果。另外，刺绣的肌理效果与选择的绣线与绣制针法也有很大关系，绣线越粗，产生的凹凸肌理越为明显，肌理感越强；反之，绣线精细，其产生的浮凸效果越接近于二维平面，肌理感越弱。我们可以将这种不易察觉的浮凸肌理理解为浅浮雕的形式，而半立体式的垫绣形式，因为填充物的辅衬，其浮凸效果更接近于深浮雕的形式。刺绣在古代题材剧目创作中的应用极其广泛，通过不同的刺绣图案不但可以很好地还原历史，同时利用不同的绣线材料，如毛线、金属丝、多样化的刺绣手段、意蕴丰富的刺绣纹样等又可以创作出大量满足于当下观众审美的服装造型作品。

4. 物理腐蚀

烧花腐蚀

烧花是用火、烟头等物品在材料上进行烧、烫等破坏性的腐蚀操作，以此形成一定的肌理效果。在表演服饰造型中较为常用的是手工烧花，通过高温的灼烫将服饰材料烧烫脱落形成镂空图案。在烧烫过程中要注意时间的把控，否则会产生明显的烧焦痕迹，但是为了表现某些特定的人物性格和表演题材，可以将这种烧焦痕迹放大，使服饰材料的烧烫边缘形成焦灼感，呈现凹凸起伏的肌理效果。这种烧花腐蚀的创作手法在 T 台表演服饰中的应用也较为广泛，设计师通过这些主观操作极强的表现方式，可以很好地将自己的个人情感和主观情绪在服装中尽情地展现。

水溶腐蚀

水溶腐蚀法是将图案纹样运用人工或者机械的方式刺绣到可以遇水溶解的底布上面，经过热水高温处理，将底布完全溶解直至消失，这样未被溶解的部分就呈现出精致的镂空造型，常见的水溶蕾丝即是利用水溶法实现的其精致丰富的镂空纹样效果。在水溶腐蚀法的操作环节中，刺绣起到关键性的作用，刺绣的方式本就可以实现细腻复杂的纹样图案，通过水溶法将基底布料溶解，最终剩下的刺绣轮廓就呈现出镂空通透、精美绝伦的效果。这种镂空的效果与前面所讲的剪刻镂空又有极大的不同，水溶腐蚀法塑造的镂空效果更加的细腻、精致，更加适用于日常服饰以及电影电视高清镜头下的服饰创作。

利用水溶腐蚀法实现的这些极具表现力的肌理效果受到越来越多设计师的追捧，我们在大量的日常服装及表演服装的创作中，都可以找到这些水溶蕾丝的身影。

总的来看，不管是烧花腐蚀还是水溶腐蚀，这些不同的物理腐蚀方法都具有很强的随意性和偶然性。烧花腐蚀因为灼烧的时间长短不同会产生不同的镂空效果，灼烧的时间越久，边缘烧焦的痕迹可能就越重；水溶腐蚀则可能因为热水的温度不同，造成镂空的效果也不尽相同。设计师在运用物理腐蚀操作方式的时候，可能要进行多次试验，在每次试验过程中都尽可能的将每一个环节记录拍照，以达到预期希望的效果。

二、通过化学手段进行破坏再造

烂花腐蚀

烂花技术也称作炭化印花、透明加工，是目前较为流行的一种化学腐蚀加工方法。它的原理是利用不同织物材料对酸碱度不同的抗受力，通过硫酸、强碱对这些织物进行腐蚀。这些强酸、强碱对面料中某一种纤维产生化学破坏，而另外一种纤维则不受任何影响，最终通过这种破坏的效果就得到一定镂空形式的新型面料。在常规材料中，棉、麻、人造纤维等材料比较耐碱性，不耐酸；羊毛、桑蚕丝等动物纤维都比较耐酸，但不耐碱。利用这些材料自身的耐酸耐碱的特性，通过硫酸或者强碱对这些不同的材料进行腐蚀加工，进而形成丰富的肌理效果，这就是烂花技术的基本原理。

烂花形成的最终效果取决于化学药剂的配比与材料的耐酸碱程度，腐蚀得越干净，得到的肌理感也就越强。在 2014 年莫杰春夏发布会中，那些造型独特的镂空热带植物图案就是通过烂花工艺实现的，因为化学材料的腐蚀性，服装上呈现出灵动的纹样和一些渐变晕染的色彩，取得了出其不意的表演效果。设计师在利用烂花腐蚀的手段进行镂空肌理创作时，可以充分结合烂花腐蚀产生的这些特殊效果，最大化地发挥表演服饰的有效创作。

破坏再造的各种手段需要设计师具备大胆的挑战和试验的能力，通过反复的尝试和总结，探求各种不同材料破坏后的各种可能，最终通过设计的规律和法则，使破坏后具备全新风貌的材料服务于表演服饰创作之中。

第六节　立体塑型

表演服饰造型中的立体塑型是指利用填充、支撑、外力加压、附着粘衬、拆分拼合等方法对服饰整体廓形或者服饰局部进行变形、放大或者强调，以此形成强烈的立体空间感以及凹凸起伏肌理变化。

一、用支撑的方式进行立体塑型

表演服饰造型中的立体塑型往往会选择藤条、铁丝、人工合成材料等具有一定韧性的支撑物进行支撑塑型。通过这些极具韧性的材料对服饰轮廓进行支撑或者利用这些材料的韧性进行交叉编织塑型，可以使得服饰轮廓或者服饰局部产生较大的空间立体变化。支撑的方式让服饰内空间形成镂空的立体造型，通过服饰面料的附着又可以产生浮凸于人体结构之外的浮雕立体效果。

1. 大面积廓形的支撑立体塑型

支撑的立体塑型方式最常见的莫过于对于大面积服饰轮廓的塑造。如服饰中常见的裙撑造型，即是通过藤条、鱼骨、铁丝等柔韧性好的材料进行塑型，从而使得服饰内轮廓形成具有一定空间感的镂空形态。不但可以很好地作为服饰外轮廓的内部支撑，而且还可以直接成为服饰的外观形态并形成独特的装饰效果。

图 4-6-1　电影《白雪公主之魔镜魔镜》中镂空编织的裙撑造型　服装设计：石冈瑛子，
图片来源于影片截图

　　电影《白雪公主之魔镜魔镜》中，人物服饰整体呈现出诙谐幽默的风格。在王后准备参加宴会的前夕，为了穿上自己喜欢的衣服，利用紧身衣对自己进行瘦身。设计师为了凸显场景的滑稽效果，并没有选择常规形态的紧身衣及裙撑，而是刻意将紧身衣及裙撑的镂空状骨架外露并直接作为服饰的外轮廓，通过藤条纵横交叉的围合编织很好地展现出戏谑性的服装效果（图 4-6-1）。在服饰展演作品《绽放》中，同样利用了支撑物进行立体塑型的方法。为了表现三款不同的"蚕茧"外形，对"蚕茧"内部构造加以塑型，通过内轮廓立体塑型来表现蚕茧形的外轮廓。塑型支撑物的选择上，借鉴了西欧传统西洋裙撑的镂空形式和制作工艺。传统西洋裙撑是选用鲸鱼骨、藤条等制作，考虑到时间成本与材料的便宜性，《绽放》的服装廓形选择铁丝代替传统的鲸鱼骨与藤条。将铁丝弯折成所需的蚕茧状外轮廓，通过横向铁丝圈确定廓形大小，通过纵向铁丝加以定型，最终用医用胶条在纵横交叉处缠绕固定，这样就得到三款不同体积、形态迥异的镂空状茧形轮廓。

　　大多数情况下，设计师会对表演服饰的外观及装饰进行主观的夸张化处理，以满足舞台的观演距离及视觉的表现效果，这种夸张化的处理方式表现为服饰轮廓的庞大或者是附加装饰的丰富繁杂。多数情况下，夸张、庞大的廓形会让支撑材料的用量及重量大大增加，同时也让服装内部支撑塑型手法的难度大大增加。为了将这些大面积廓形或者具备相当重量的服装材料完美的立体塑型，就不得不对支撑材料做更多的探索和尝试。在儿童剧《白雪公主与七个小矮人》中，小矮人的圆球状服装廓形也选择了支撑立体塑型的方法。因为其服装体积庞大，裙撑用钢圈、铁丝等材料的支撑力度不够，所以最终选择了藤条作为支撑的主要材料。在具体的支撑过程中，经过反复试验，先将球状体的几个裁片缝合得到圆的造型，再在圆的造型里用藤条将其撑起。在使用藤条支撑的过程中发现藤条过长会让服装圆形表面出现撑起的痕迹，藤条强有力的韧性甚至会导致服装接缝处有撕裂的风险。此外，横向与纵向藤条交接后会产生一定的厚度，导致交接在后的藤条与服装表面架空一定的距离，起不到很好的支撑作用。针对这些问题，首先将整个圆形服装的外材料改用双层制作，减少了藤条撑起的痕迹；其次将横向或纵向交接的藤条接口处剪断，让其保持在一个水平面上。这样藤条的横向、纵向的数量及其长短经过反复的推敲得到数据最大合理化，使得最终的服装整体呈现出较好的演出效果。

2. 边缘轮廓的支撑立体塑型

　　在表演服装创作中，某些服装装饰局部或头饰立体装饰造型常常会运用一些柔韧性材料对边缘轮廓进行支撑与强调。通过支撑物的添加植入，加强了服饰边缘轮廓在服饰整体中的空间层次，凸显了服饰中的浮雕肌理效果。如服装中经常出现的立体花卉造型，就是利用细铁丝进行花瓣边缘的轮廓支撑，通过铁丝的立体塑型效果，弯折出花瓣层叠的立体造型。将这种带有立体空间层次效果的花卉造型作为服装装饰局部或者头饰中的装饰点缀可以产生强烈的浮雕感效果，从而塑造出穿着者柔美的女性化特质。除此之外，有时为了营造服装边缘轮廓的立体空间层次效果，也会运用支撑物对其进行塑型强调。边缘轮廓的支撑塑型能够很好地将服装的边缘廓形进行突出与强调，当边缘廓形较大时，韧性材料的支撑会随着演员自身的表演而摇曳，这甚至为整体服饰造型添加了一份动态的美感。总的来看，利用支撑材料对服装装饰局部、头饰立体装饰以及整体服装的边缘轮廓进行支撑塑型可以起到很好的强化作用，让整体服饰造型立体空间性和浮雕肌理感更强。此外，这些边缘轮廓都属于表演服饰中的视觉重点，因此对于支撑材料的选择和整体的工艺性要求就更高。像服装局部、头饰造型等在整体服饰中所占面积不大，这样小面积的立体塑型就不需要高强度的支撑力度。一般会使用鱼骨、细铁丝等塑型材料进行支撑，不但可以实现这些位置的浮雕感塑造，同时也可以最大化保证塑型完成后的精致度和工艺性。

二、改变服饰材料硬度进行立体塑型

表演服饰造型中浮雕与镂空造型手段的运用有时候会刻意强调服饰的硬朗廓形，这就需要服饰材料具备一定的硬度，以此完成浮雕或者镂空肌理的塑造。当选择的服饰材料塑型力或者支撑力不够时，就要通过一定的方式对其物理属性进行改变。

1.粘衬改变材料硬度

在浮雕与镂空造型方式运用中，粘衬是常用的立体塑型方法，利用不同厚度的粘合衬可以塑造不同的廓形效果。如在塑造肩部立体廓形的时候，可以粘贴厚衬来增加面料的硬挺度，实现服饰廓形的浮凸立体效果。通常情况下，服饰材料的厚度与衬布的厚度是成正比的，厚重的面料选择的衬布也较厚，轻薄的面料选择的衬布则较薄。如要塑造夸张的浮凸肌理，我们可以选择硬挺、厚实的面料及衬布；塑造自然下垂的褶皱造型，我们可以选择柔软、轻薄的服饰面料及衬布。在电视剧《甄嬛传》中，皇帝以及皇后的龙凤袍中，服装的披领部位就利用粘贴硬衬的方式进行立体塑型，选择厚重的面料配合厚衬加强面料的整体硬度，从而实现了肩部造型的夸张化立体效果。粘贴衬布除了起到改变材料硬度的作用外，还可以对服饰材料起到一定的固定作用。如棉麻材质经过撕扯、剪切等处理会形成带有粗糙毛边的镂空效果，这种镂空效果在表演服饰造型中往往会营造出角色放荡不羁或者窘迫的特点。而通过粘衬的方式可以让未镂空的部位得到适当的固定，使得服装能够在一定时间内维持原样，提高了服装的使用频率。

2. 浆化改变材料硬度

浆化是利用一定的液体材料，如白乳胶、喷漆、面糊、糖水等对服饰材料进行浸泡处理，使其晾干后呈现出硬挺的质感效果。浆化的处理方式较为简便易行，但是浆化处理的服饰材料一般不耐洗涤，经过洗涤过后的服饰材料会还原至材料原本的质地。如西欧传统服饰中轮状皱领的制作工艺就用到了浆化的处理方式，利用一定的浆化液体对柔软的蕾丝进行浸泡处理，晾干后就得到硬挺质感的蕾丝面料。在具体制作环节，首先将面粉或者淀粉全部溶解并进行加热处理，待溶液变成糊状之后，将需要上浆的蕾丝材料放进溶液进行浸泡并让其充分吸收面糊。接下来将吸收满面糊的上浆蕾丝取出并晾干，由此就得到硬挺质地的蕾丝材料。最后根据不同的造型需要并结合蕾丝上浆后的质感变化进行轮状皱领立体廓形的塑造。这种上浆的处理手法也可以运用到现在的表演服饰创作之中，当设计师用剪刻、火烧等手段将面料镂空后，往往会使得面料因为镂空部位重量的缺失而无法很好地塑型，这时候就可以利用浆化的处理手段将材料变硬，继而重新得到良好的硬挺塑型效果。

在最终的塑型效果呈现上，浆化与前文提及的粘衬塑型效果一致。但是浆化的选择材料更加广泛，除了使用较多的面糊上浆方法之外，还有各种新材料及新方法的出现。浆化不但对服饰材料的硬度变化产生一定的影响，有时候也会令材料的色泽产生一定的变化，通过浆化后的服饰材料可以随意塑造夸张的立体造型，丰富服饰的装饰效果。但是不同的浆化材料有不同的特性，设计师要对浆化使用的原料特性进行一定的了解和试验：比如白乳胶在固化后会留下朦胧的斑驳状白色印记，这种材料如果处理比较光滑的织物表面就不太合适；又如利用面糊进行浆化的服装表面，如果在经过受潮或保管不当的情况下就会发生霉变，让服装发生损坏。设计师在进行创作的时候要特别注意这些浆化材料的不同特点及它们与服装材料结合后产生的不同固化效果，可以充分利用这些固化后的特殊效果表现剧目的主题风格以及人物的身份、性格等特征。

三、用拆分拼合的方式进行立体塑型

拆分拼合是利用几何知识，通过材料的拆分与拼合形成的各种立体形态的方法。拆分拼合往往需要服饰材料具备一定的厚度和硬度，如果拼合的图形体积较大，还需配合支撑物的使用。

1. 拆分的形式进行立体塑型

拆分的形式往往能够塑造出几何形态的造型，通过立体的思维模式，把立体的几何结构分解转换成二维平面样板，再运用服饰材料进行一比一还原。分解时，我们可以用纸折叠出几何形，之后再进行各个面的分解重组，最后将得到的纸质样板在服饰材料上做出立体形，将服饰材料直接附着在此结构上或者重新复制此结构。

在北电青岛分院服饰展演中，夏晓雨同学的作品欲通过服饰中的浮雕感几何形态表达服饰的现代感。用线和面结合的方式，运用手工堆褶的方法直接在人形台堆叠出规律的褶饰，形成了服饰的基础构架。在体现肩部的凹凸几何形装饰的时候，出现了技术性难题：常规的粘贴硬衬或者面料上浆的塑型办法虽然可以得到挺括的服饰面料，但是对于立体感较强、几何轮廓明确的造型并不适用。通过反复试验，最终利用硬卡纸折叠成想要呈现的立体几何造型并将其拆分成不同的二维平面造型，同时将烫好硬衬的服装面料与其固定拼合，最后将拼合后的碎块再次整合成完整的立体几何形，这样就得到了线条清晰、浮雕感极强的立体几何轮廓。此次拆分拼合塑型的实践中，为了得到更加硬挺的质感，将服饰面料进行了粘衬处理。同时，在几何轮廓的内部添加硬纸板，增加了几何体硬朗的效果，用拆分拼合的形式将现代气息浓重的浮雕感几何形展现出来。

2. 拼合的形式进行立体塑型

拼合是利用现有的服饰辅料或者服饰零部件与服饰局部进行组合，在服饰局部形成一定的浮凸立体造型。

在电影《狄仁杰之神都龙王》[①]中，为了凸显武则天的霸气，其肩部造型选择高耸的硬质片状结构与服装主体进行组合，并且在片状羽翼结构中做镂空的处理，这种夸张的肩部镂空造型，很好地体现了武则天果断、霸气的性格。（图 4-6-2）在另外一部电影《西游记之大闹天宫》[②]中的玉皇大帝一角，其肩部的浮雕感廓形也采用了这种拼合的形式，通过大量的镂空状金属片进行拼合处理，从而在肩部形成具有空间层次效果的浮雕感造型。（图 4-6-3）

四、用编织盘绕的方式进行立体塑型

1. 用编织的方式进行立体塑型

编织方式是通过各种不同的编织技法将线状材料做各种编结处理，在不改变材料物理性能的前提下通过不同形式的穿插组合得到全新的立体造型效果。编织的技艺最早起源于上古时期。那时文字未被创造，人们无法记录生活的琐事，于是就发明了在绳上打结的方式记录现实生活，大事系大结，小事系小结。到了中国汉代，这种编织的方式被用到服装上面，人们通过编的技巧制作佩绶。佩绶在编结过程中有意或者无意留下的空洞形成一定的镂

① 电影《狄仁杰之神都龙王》，2013 年上映，第 51 届台湾电影金马奖最佳化装与服装设计奖。导演：徐克，美术设计：麦国强，艺术指导：余家安，服装设计：利碧君 。

② 电影《西游记之大闹天宫》，2014 年上映，第 34 届香港电影金像奖最佳服装造型设计。导演：郑保瑞，艺术指导：叶伟信、张叔平、奚仲文，服装设计：郭培、张叔平、利碧君、奚仲文。

图 4-6-2　电影《狄仁杰之神都龙王》中武则天服饰中的肩膀局部造型　服装设计：利碧君，图片来源于影片截图

图 4-6-3　电影《西游记之大闹天宫》中玉皇大帝服饰中的肩膀局部造型　服装设计：郭培、张叔平、利碧君、奚仲文，图片来源于影片截图

空效果，并起到了装饰美化的功能。同时，通过不同的编织方式也表征了穿着者的不同身份地位。

编织方式因为自身的工艺特点可以形成一定的凹凸、透空的肌理风貌，与服装整体去协调，可以起到很好的美化装饰效果。同时，编织多采用一些较为传统的手工工艺，这些传统手工技艺以及传统的表现形式可以更好地体现服装的民族特征。以中国传统文化为宗旨的高级定制品牌东北虎（NE·TIGER），常常在T台表演服饰中采用结绳的方式作为服装的局部细节装饰，通过具有立体感和民族特征的结绳装饰在服饰表面营造出一定的浮雕或镂空的肌理效果，极大地增强了服装的品牌辨识度。在中央戏剧学院演出的话剧《虎符》中，武士这类角色的服装造型同样运用了编织的塑型手法。将暗红色的宽布条十字交叉在胸前做编织处理，布条之间留有的空隙产生了一定的镂空效果，并将服装的主体黑灰色显现出来。十字交叉的方块造型形成了硬朗线条感的铠甲状廓形，不但将武将的身份特征很好地表达出来，同时编织产生的镂空效果及与服装主体结合后产生的浮雕效果，又增强了服装的层次感，加大了整体的视觉冲击力，满足了大舞台表演的需求（图4-6-4，见文前彩插）。

2. 用盘绕的方式进行立体塑型

盘绕是指将绳、布料、绸带或者金属线等材料进行规则或者无规则的盘折弯曲，并使之形成一定的图案，从而产生一定韵律感的浮雕或者镂空效果。

在北电青岛分院服装展示中，陈露同学的立体裁剪作品就是利用盘绕的立体塑型手法进行服饰纹样的处理。首先将设计好的图案预先用画粉片在服装表面进行打底刻画，接下来选择粗糙质地的麻绳在打底纹样上做盘绕处理，通过麻绳的盘绕形成浮凸于服饰表面的肌理效果，这样就强调出纹样的造型，大大丰富了展示作品的装饰性和视觉冲击效果。

图 4-6-5　电影《灰姑娘》中王子的服饰造型 图片来源于影片截图

　　在电影《灰姑娘》[①]中，王子一角的服饰造型同样运用了盘绕的立体塑型手法。选择金属色泽的粗绳在服装胸前进行弯折盘绕并进行有序的排列组合，被强调出的浮凸效果丰富了服装装饰效果，同时也将王子的身份特征很好地呈现出来（图 4-6-5）。盘绕方式的立体塑型方法，要特别注意盘绕材料的形态的选择。为了强调盘绕塑型后与服装主体结合形成的浮雕或者镂空的肌理风貌，尽可能选择具备一定体量的盘绕材料，这样盘绕后的肌理效果才能够更加清晰的呈现。此外，盘绕的材料如果选择较粗的麻绳或者金属线等材料，就要考虑到服装工艺性的问题。过厚的麻绳或者金属线可能无法通过机器的缝合，这就需要使用一些粘贴或者手工缝制的方法，但是这样的操作方式就让服装的工艺性大打折扣。设计师在运用这些材料及手法的时候要根据具体的情况进行灵活的调整，适当的时候可能要做一些妥协和让步。

————————————

① 电影《灰姑娘》，2015 年上映。导演：肯尼思·布拉纳，艺术指导：丹特·费蕾蒂，服装设计：桑迪·鲍威尔。

五、用填充的方式进行立体塑型

填充方式是较为常用的一种能够形成强烈浮凸效果的立体塑型工艺方式。通过各种不同的材料，如棉花、碎布、泡沫、绒或者气体等对服饰廓形进行填充，使得服饰外观通过填充得到形态的改变。填充材料的选择要尽可能轻便，在保证足够支撑力和塑型力的情况下最大化地方便演员表演。填充的立体塑型方式有时会配合绗缝的工艺手段。通过绗缝不但可以更好地固定内部的填充物，同时也可以在填充表面塑造某些特定的纹样图形，以满足剧中人物服装设定的需求。绗缝是将填充在两层布料之间的棉、泡沫等填充物进行车缝缉线，并且留下明线痕迹。"绗"是为了固定"里""面"及这两层材料之间的填充物；"缝"的过程实际是拼合的过程，通过"面"塑造产生新的视觉效果。这样绗缝于表面的车缝缉线，对填充材料进行了固定，产生的绗线和凹凸起伏的肌理，为服饰增添了浮雕般效果。在表演服饰创作中，绗缝根据不同的工艺及表现效果，又分为以下几种。

线式绗缝是指将服装上下两层材料根据预设的纹样进行缉线缝合，然后通过绳或线将两层材料之间的线性缉线进行填充，填充的线或绳越粗，形成的浮雕效果越为明显。线式绗缝的方式适合突出纹样以及服饰的边缘轮廓，运用此方式形成的浮雕效果一般较为细腻柔和。在古装题材的影视表演剧目中线式绗缝应用较为广泛，通过线对于服装纹样或服饰边缘的廓形强调，可以让服装更加精致耐看，同时也可以最大化地加强服饰纹样或者服饰边缘的视觉冲击力。但是因为线的填充效果较为细腻柔和，在大舞台的表演服饰创作中，观演距离的影响会让这种填充效果变得模糊不清，因此线式绗缝的填充方式在此种情况下就要慎重选择。

面式绗缝是指将图案轮廓缉压明线之后，再填充棉花、绒等材料，使表面形成凸浮状。但是由于图案每个局部细节都要单独填充，这就要求图案的内部细节尽可能的减少，用较大块的面来构成图案。这种绗缝技法主要适合表现大面积的图案，填充的材料面积不宜过多过大，以免表演者穿着后过于笨拙。面式绗缝与线式绗缝不同：线式绗缝因为其表现效果过于细腻柔和，更加适合古装题材影视剧的服装设计；而面式绗缝则更多地呈现出大块面、大体积、大纹样的塑造，因此更加适合大舞台的表演服饰创作。在中央戏剧学院演出的话剧《秦王政》中，主要角色的服装纹样上就运用了面式绗缝填充的方法。通过服装造型中大块面、大体积的面式纹样填充将全剧的历史感、厚重感表现出来。在具体的纹样设计中，摒弃了过多过细的设计，尽可能选择大面积、大体积的纹样造型以方便面式绗缝手法的运用。为了避免大体量的面式绗缝导致整体服装过于笨拙，设计师又将服装整体的廓形放大——衣摆、袖摆加长，肩部、领部垫高等，这样服装的整体大廓形就和大的填充纹样相协调，不但满足了大剧场观演距离的需求，同时也极大地加强了服装整体的视觉冲击力。

　　除了绗缝填充手段的运用，在一些需要特殊造型的具备典型性格化特征的表演角色中，会运用填充的立体塑型方法。比如塑造肩部魁梧的造型、驼背的造型，又或者是大腹便便的造型等，都可以使用填充的方式塑造出浮凸于服饰表面的肌理效果。在舞台剧作品《钟楼怪人》中，敲钟人卡西莫多一角的服装就用填充的立体塑型手法将其塑造成驼背的造型，用这种夸张外化的扭曲造型与之内心的"真善美"形成了鲜明的戏剧冲突。

　　总的来看，填充立体塑型的方式更多的适用于一些极具视觉冲击效果的舞台表演中，这些舞台表演中人物服装的创作更加天马行空，填充塑型的使用方法更加的频繁。填充的塑型方式可以根据人物造型的需要灵活的调整填充物的材料及填充物的多少。常规状态下，大面积、大体块的服装造型填充物的选择一般多为棉、泡沫等较为轻盈的材料，这些材料不但质地轻盈便于演员的表演，同时也价格低廉便于控制舞台演出中的制作成本。在一些表演类的 T 台服装秀中，有时候为了表现外层服装材料的通透性，设计师也会选择气体填充的方式。先将透明的 PU 材料按照预先设计好的图形轮廓进行机器加热黏合，再在旁边开口并注入一定的气体，最后将开口部位也加热黏合，这样就经过气体填充形成一定的块状造型，最后将这些不同的块状体组合成整体并形成了比较新颖且奇特的服装造型。这种气体填充的方式一定要考虑到表演及保存过程中填充部位材料的耐损性，保证内部气体被完好保存，否则气体泄漏，就会发生不必要的演出事故。不论使用哪种具体的填充材料，填充的立体塑型手法都是在为服装做一些加法，这样在需要被强调的部位就形成一定的体积，这些超乎寻常的体积对比将人物的某些典型化特征更好地强调出来，极大地增强了服装的视觉冲击效果。

六、通过外力压拓的方式进行立体塑型

外力压拓是指通过外力条件给予材料一定的压力，从而使材料表面呈现出浮凸感的肌理效果。这种浮凸状的肌理效果可以是阳雕也可以是阴雕，阳雕是指将图案纹样凸显出材料表面，阴雕则反之。外力压拓的方式对于服饰材料的选择有一定的要求，需要材料具备一定的厚度、延展性以及耐熔性，如皮革、太空棉、金丝绒等面料应用外力压拓的方式居多。根据操作方式的不同，外力压拓一般分为手工与机械两类。

1. 手工压拓

手工压拓是利用一定的模具，通过外力施压将模具上的图案纹样印制到服饰材料之上。手工压拓的方法比较灵活，可以定制专门的钢模压制，也可以利用现有的小道具进行压制。我们可以从生活中就地取材，比如有凹凸肌理感的工艺品、钱币、小装饰等都可以成为手工压拓的模具。把要进行肌理再造的材料放在这些不同的模具之上，用锤子或其他能够施加外力的工具在材料的正面施加一定的外力，直至花纹呈现。手工压拓多选择皮质类的材料进行压拓表现，这类材料具备一定的厚度及延展性，可以通过压拓的方式最大化地呈现出凹凸肌理。因为手工压拓对于材料的选择有一定的要求，更多的局限在皮革、太空棉等仅有的几种材料上，另外手工压拓的人力操作方式

需要一定的时间，因此在表演服饰创作中，手工压拓的方式多运用于剧目主要角色及其局部小范围的服饰装饰之中。

2013秋冬巴黎高级时装周上，劳伦斯·许秀场中使用的皮带就选择了手工压拓的工艺技法。腰带的材质选择了天然不易变形的天然皮革，事先在腰带上设计出合适的纹样，后通过印花模具在纹样上敲打出凹凸的肌理感。通过手工压拓使具备塑型力的皮革材质在外力施压的情况下，呈现出极强的凹凸空间效果，不但丰富了皮带自身的立体空间层次，同时也加强了服饰整体的装饰效果。在诸多古装类题材的表演剧目中，武将及士兵的皮革类服装装饰也较多的采用这种手工压拓的工艺技法。但是因为材料的局限性及手工操作产生的人力及时间耗费，手工压拓更加适用于制作精良、制作周期较长的影视剧目中。在一些制作周期较短、观演距离较远的大舞台剧目演出中，手工压拓的方式较为少用，设计师可以选择绗缝填充、麻绳盘绕等手段完成更加适合于大舞台表演的服饰创作。

2. 机械压拓

机械压拓与手工压拓的操作原理一致，同样是通过设计好的模具对具备一定塑型力的服饰材料进行外力施压，使其呈现出具备凹凸感的浮凸肌理效果。除了对于服饰材料进行施压以外，机械压拓与手工压拓相较，还加入了加热的处理方式，对于服饰材料的选择也有了一定的拓展。同时，机械的施压力度可以通过电脑编程灵活控制，因此可以呈现出更为立体的浮雕感肌理效果。

现在服装工厂的机械压拓设备主要有平板压花机与超声波压花机两种。平板压花机主要适用于大量材料的图案压制，通过上下模加热定型，形成凹凸感图案，呈现出的浮雕感较强。超声波压拓机是通过高频率振荡，将声波传到材料的内部空间，使其分子产生摩擦，以达到凹凸定型，相比较平板压拓机，其呈现的浮雕效果较弱。

　　总的来看，手工压拓和机械压拓的操作方式都对服饰材料的选择提出了一定的要求，需要服饰材料具备一定的延展性、耐熔性甚至耐热性。由于选择的这些材料具备了这些特殊的属性，因此压拓后产生的凹凸肌理就更为工整细致，能够与服饰材质达成浑然天成的效果。在影视表演类剧目的精细化服装造型中，设计师可以根据客观需求充分利用这种操作手法。

　　最后，本节所讲的立体塑型的方式大多数时候会利用填充材料、支撑材料、附着材料等作为服饰材料的辅衬，以此让服装的廓形或者局部造型产生变形，这与常规状态下服装的正常形态形成鲜明的对比，从而产生强烈的浮雕或者镂空肌理效果。同时，通过这些支撑、围合的方式塑造的夸张的服饰外观效果，又极大地增强了服饰的观赏效果。

EMBOSSMENT AND
HOLLOWED-OUT
ARTS FOR
PERFORMANCE
COSTUME MODELING

附　篇

表演服饰造型设计漫谈

　　如果要成为一名合格的造型设计师，首先要学会坚持。坚持的过程可以让人学会耐心地去沉淀和思考，也可以让力量厚积薄发。对于刚刚起步于表演服饰造型设计的人员来说，更多的时候是从事助理或者执行的工作。比如，在相当长的一段时间内从事最为基础性的工作内容：熨烫整理服装、粘贴头套、抢装甚至是搬运服装，等等，这些基础、反复甚至是低报酬的工作内容对于一部分从业人员来说是乏味无趣的，也是很难坚持的。但当你真正痴迷于这个专业的时候，会发现每一次的重复工作绝非是原版拷贝，每一次的演出后台或是演出过程都是全新的挑战，比如为了固定演员的头套，防止演出事故发生，我们会尽可能多的用钢卡固定头套与演员的真实头发。单纯地将这项工作机械式的重复操作，那么必然是乏味无趣的。如果我们每一次都带着思考和要求去执行这个任务，就可以根据演出的呈现效果及演员的主观感受去调整钢卡的位置与数量，最终呈现理想的执行方案。又如熨烫演出服装和给服装下别针这种看似基础性的工作，同样需要丰富的经验技巧。熨烫衣物的前期需要提前准备合适的熨烫机、龙门架、电源插排以及熨烫的水源，等等。此外，不同的服装材质需要不同的熨烫温度，不同的服装款式又可以有不同的熨烫顺序。对于这些，熟练的服装助理可以从筹备到执行非常快速有效地完成这一任务。但是对于一个漫不经心的助手来说，会从"电源插头在哪里""电源线有没有带""熨烫机水源从哪里接"等一系列问题开始一样一样去解决，当解决了这些看似简单的问题后，已经耽误了不知多少时间。再如在演出抢装过程中，经常因为服装不合体要临时调整服装的尺寸，这就需要用别针对腰围或者胸围等处进行临时的折叠固定。看似简单的一个操作，也有很多具备演出经验的服装人员，碰到别针不知道如何下手，或者下好的别针在演出过程中崩开甚至将演员划伤。诸如此类的问题，在实际的演出过程中比比皆是。

设计师的坚持不只是对于这种看似基础性、重复性工作的坚持，也有对生活、学习等其他方面的坚持。我在戏剧学院求学时接触到的第一门专业主干课便是舞台服装技术课程，这种服装技术类课程相对于较为粗犷的男生来说就比较棘手。许多的同学对于技术类课程不以为然，觉得将来是要当设计师，从事设计师的角色，于是学习的方式就变得相对被动。对于基础的服装技术无法持之以恒的练习，基础的服装技术类作业更是不给予重视，有时候甚至将作业拿去服装小作坊代工。也就是这些错误的观念，一个学期下来，同学之间的技术类课程甚至是设计类课程都慢慢拉开了差距。技术类课程是对设计类课程的辅助，这两大类课程往往是相辅相成的，你会发现，技术类课程成绩不错的同学，往往设计类课程成绩也不会差。庆幸当时的坚持，从开始的抵触到后来的适应，从开始对于这个专业的迷惑到渐渐明朗，从开始的被动设计到最后的主动设计。求学期间反复、大量的技术与设计的训练为我从事舞台造型设计行业打下了坚实的基础。尽管有了平日的这些基础，我仍然在一段时间内觉得自己不适合从事设计这个职业，尤其是舞台造型设计行业，需要更多的舞台张力——新颖的想法、奇特的服装廓形、夺目的配色等。这些设计和技术的完善需要大量的理论知识储备与演出实践的积累，能够解决这两者的理想方案是继续学习并参与大量的实践。在完成了数年的基础训练后，我选择了舞台化装专业继续学习：一方面通过系统的学习可以更加有效地帮助我完善自己专业上的不足；另一方面学校的学术环境可以让我有机会参与大量的演出实践。攻读化装硕士研究生的三年期间，我完成了校内外近二十部戏剧作品的服装与化装设计工作，有时候甚至是两三部戏同时开工，经常往返于学校的实验剧场、黑匣子剧场以及北剧场之间。熬夜画图、监制、大红门采购面料、统筹安排化装师及演员、支配预算等，很多工作内容已经超出了当时的能力范围。在很多的演出过程中，因为对于化装专业技术操作的不熟练，曾被导演和演员质疑，但是这些都作为一种鞭策让我在空闲的时间更加充分的去准备，以便更好地去迎接挑战。表演服饰造型设计专业时时刻刻在与演员、导演对接，同时还要接受观众的反馈。舞台上的任何一个失误都会被无限的放大，尤其是辅助演员完成表演的服装与化装，更是不能有任何闪失。我曾经在担当化装设计的话剧《轨道》中遇到演员头套开胶的情况，演员一边表演一边撕掉粘贴头套的美目贴，这个演出事故也曾经把自己推向风口浪尖。在这种舆论压力下，只能承受并总结之前的失败经验，用更好的作品去接受大众的检验。

当一个人越是钻研一门学问的时候，就会发现身边未知的范围越大越广。的确，不管是戏剧、戏曲还是电视、电影的造型设计，都值得专业人士深入地揣摩和研究：服装的材质、化装的方法、舞台或镜头前的造型效果等。而且，在反复仔细观察这些作品的时候，总会惊叹有那么多可以打动人的闪光点。可能是对于自己专业的偏好和追求，硕士毕业那年我毅然拒绝了几所高校的邀约——决定读博。考博前期的准备需要花费大量的精力，迫使我不得不在在时间和工作上做一些牺牲和付出。为了全身心地投入复习，我基本停掉了所有的演出项目与社会兼职。所有考博前期的坚持，反倒让自己更加注重理论知识的梳理与整合，同时理论方面的观点又影响了接下来的演出实践，并在剧目创作中逐渐形成了较为鲜明的个人风格。因为平日的点滴积累，包括专业水平、人脉资源以及从事本行业的执念，在博士的三年期间很顺利地拿到了几部大制作的项目：比如巡演舞剧《圆梦》、真人秀《跨界歌王》等，同时也承担了几所高校的外聘教师工作。对于理论知识的积累，参与的大量的演出实践所得以及高校教学实践的经验总结都给本书的写作打下了扎实的基础。

一　关于化装与服装

　　"化装"一词，很多人会写作"化妆"。甚至许多从事表演人物造型设计的同行，也用"妆"一字。今天，许多业内的专家和学者已经将这个混淆多年的问题提出来并进行了更正，除了生活化妆中的妆用"妆"字以外，其余如时尚化装、戏剧化装、戏曲化装、电影化装、电视化装等都应该用"装"一字，这样更加科学和规范。长期以来，外界就认为"化妆"是个技术工种，经过一段时间培训，就可以上岗就业。很多人也会疑惑，一个"化妆"专业，怎么会需要本科四年，甚至还有研究生教育。我想用林清玄的文章来回答这个问题，"化妆分为三个等级：一是面部的化妆；二是精神的化妆；三是生命的化妆。"那么我们从事的这个化装应该就是生命的化装。2018 年文化和旅游部制定的行业标准之中，就将"化装"一词进行了专业的界定，并在前面加了艺术两字，强调了化装专业的艺术性。我想这个行业标准的制定，是一件大喜事，不但可以让大众对艺术化装专业有重新的认知，同时也可以让更多的从事化装专业的人员对自己所学专业有更深的自我认同。

　　服装，在我看来可以分为两大类：一类是生活服装，比如职业装、工装、晚礼服等。这类服装主要是面向大众，说直白一点就是可以方便穿出门或者方便工作，可以轻易让自己及大众认可；另一类则是表演服装，这类服装包含舞台演出、影视剧、综艺节目、各类服装展示等。很多时装院校会把时尚类的服装归为成衣类，但是我认为有些衣服依然偏向于舞台展示，具备浓厚的舞台效果。而且大部分时装专业的学生最终毕业的作品可能都要接受舞台的检验，所以在设计与制作的过程中都要考虑到舞台表演效果，这与表演类服装的特征是吻合的。

人物造型设计：我认为这个概念应该是戏剧戏曲或者电影电视角色中有关服装和化装的整体设计。当一个舞台上的角色被剧本或者是设计师赋予性格化特征的时候，我们可以将这个角色称之为人物，与之相关的整体的服装造型和化装造型可以称之为人物造型设计。根据不同学科的分类，我们可以在人物造型设计前面加上不同的前缀，以强调它的不同类型，比如戏剧人物造型设计、戏曲人物造型设计或者电影人物造型设计等。在整体人物造型设计范围之内，我们又可以将它拆分成服装设计与化装设计。

服装设计又包含了服装设计助理、服装技术、服装监制、服装管理等职位，化装设计又包含了毛发类、梳妆类、特效类等，根据不同的演出类型下设不同的方向。

一个全面且专业的造型设计师，需要掌握生活化妆、时尚化装、毛发化装、塑型化装、配饰制作、服装制版、立体裁剪、服装效果图绘制、剧目设计等方面的技能。这不仅需要学习者掌握与本专业相关的实操技能，同时还要涉及诸如建筑、医学、心理学、材料学等其他学科的内容。尤其是表演类型的化装与服装，需要更多天马行空的想象、新奇趣味的创意，同时还要兼顾与舞台美术各个部门的沟通对接、与演员和导演的对接等，这是一门庞杂的艺术工程，也是值得造型设计师毕生钻研的一门学问。

二 交际与沟通

表演服饰造型设计的工作环境往往需要与各种不同的人打交道。有王牌的团队也有草台班子，造型设计师注定要接触到这些形形色色的人和事。上有导演、制片方的牵制，下有舞美设计、灯光的考虑，实施环节还要考虑到演员的感受，这些都要求设计师具备强大的心理素质以及良好的交际与沟通能力。同样的设计方案，不同的设计师去阐述，可能会出现不一样的结果；不同的交际与沟通的方式又直接关系到争取到预算的多少以及演员试装的满意程度等方面。有时候制片方会根据设计师的设计阐述来划分制作的经费，可想而知，经费的充足与否会直接影响到接下来的体现制作环节以及设计助手们的劳务分配情况。这就要求设计师要充分调动自身的主观能动性，通过专业性的沟通与谈判最大化的争取到造型设计者的切身利益。

有时候导演已经认可的造型设计方案，真正在演员面部实操的时候，就会遇到这样那样的问题。比如演员对化装师不认可或者对化装装容不满意，这就需要化装师要有极强的沟通能力，尽可能说服演员接纳自己及确定好的装面；又或者演员认为服装不适合自己的身形，拒绝穿着表演服上台表演，甚至暴脾气的演员会直接将自己的主观感受全盘托出，不给造型设计师留有任何余地。在我自己担当造型设计的演出造型中，也会出现演员不满意的情况，心理素质不好的助手会因为演员的挑剔自信全无，缩手缩脚，不敢开工，甚至经历几次挫折，就觉得自己不适合从事这个行业，弃之转行。

对于较容易激动、性格偏激的演员或者导演，我认为首先不能与他们发生正面冲突，要有足够的耐心来应付。有时候确实会有气场不合的情况发生，调整一个时间或者换一个造型设计助手去与对方谈判，往往会有不错的效果。不管怎样，设计师还是要通过自己专业的知识去与对方交流与沟通，相信热爱舞台艺术的人，最终都会为了完成演出任务而一起共同努力，而不会在细枝末节上做太多计较。

三　造型设计师的职业礼仪

得体的装扮

设计师不见得把自己打扮得花里胡哨，但却一定是大方得体的。我见过许多知名的造型设计师，待人处事非常低调谦和，身上的物件像背包、手机壳等已经磨损严重，但是依旧珍惜如初，这反倒增加了这些"老物件"的时尚度。像这样的造型师我觉得是行业内的表率，也是我们应该标榜的楷模。反之，有些造型师穿着奇装异服、踩着高跟鞋、留着长指甲、身上喷着过浓的香水。这些穿着装扮不但会给演员留下不好的印象，也会让外行人用有色眼镜来检视造型设计这个职业。同时，演出过程中经常需要快速的抢装换装，穿着高跟鞋进行这些操作非常不便，此外，化装师与演员也因为抢装、化装及补装经常近距离的接触，过长的指甲与过浓的香水也是不合礼仪的行为。

设计师在工作中的得体装扮不但可以很好地体现出造型设计专业的精神风貌，也可以侧面反映造型师的工作态度和职业素养。相信一个好的造型设计师在工作乃至生活的方方面面都应该是认真且细致的，他应该具备足够的专业度来对自己的外在形象进行合理的修饰。

合理的时间把控

合理地安排自己的时间对整个演出创作部门是一门很大的学问。在正常的表演类演出中，造型设计师往往会协商一个比较恰当的时间来进行演出前的服装整理或者化装执行工作，这个时间的确定一般会根据客观的需求提前两至三个小时。大部分造型助手会考虑到交通路况的因素，甚至提前四五个小时就开始出现在后台等待演员，这种在不给其他演职人员造成负担的情况下是没有问题的。但是有时候，尤其是造型师第一次去新的演出场所，在不熟悉路线的情况下，会提前很多时间去演出的场地等待。我曾经多次碰到这种情况：造型师提前约定时间两三个小时就到达目的地，并挨个告知导演、演员及设计师，同时询问其他人员的到达时间，这样无形中就增加了大家的紧迫感。通常情况下，设计师的工作特性往往需要比任何人都来得早走得晚，一般要等到演出结束，清点好服装或者清理好化装材料之后才算结束工作。每一次演出的过程都是争分夺秒的，甚至很多工作人员都是通宵达旦的工作，那么这些提前就位的工作人员打来的电话或者无形的催促就给其他人造成了一定的影响。所以，为了节约彼此的时间，务必提前考察好演出地点的交通路线，提前半小时到达即可。如果距离演出的场地较远，在交通和时间都无法把控的情况下，也可以考虑提前一天住到演出地周围。此外，在实际的演出过程中，我们也可以根据演出的需要来合理地安排造型师的轮值盯现场的工作，这样就可以最大化地缩减工作的时间，充分的利用劳动力资源。

摆正自己的位置

表演类的造型设计工作是一项服务性很强的工作。设计师在大部分情况下面对的服务对象是演员，因此和演员也就有了唇齿相依的关系。演员是一部演出的主体，也可以说就是我们的"上帝"，服务好演出中的主体对象，是造型设计师该尽的职责。在实际的演出过程中，演员会与设计师建立工作之间的信任，设计师有时候甚至会充当演员生活助理的角色，帮助演员完成角色塑造之外的辅助性工作。比如因为演员的皮肤敏感问题帮助演员准备特别的化装用品及卸妆用品；因为拍摄时间的不确定提早在工具箱准备充饥的饼干及其他小零食；也因为有些演员有丢三落四的习惯经常忘记带各种服装的小配件，可以提早为其准备各色的袜子甚至是打底衣。这些辅助性的细节工作都是建立在设计师的服务意识之上，只有真正意识到自己的职业特性，才会为这些看似琐碎的事情用心考虑。当切实将演员的这些方方面面考虑周全后，才能够更加准确的为演员提供便利，设计出符合演出需求且个人风格特征明确的优秀设计作品。不仅如此，设计师在为演员服务的同时，还要考虑制片、导演、舞美设计、灯光等其他部门的约束。在必要的时候，还要兼顾导演、舞美设计、灯光等部门的意见，综合这些意见进行执行方案的调整。

很多优秀的造型设计师，在社会上已经有了一定的影响力，可是在演出现场，依然毫无架子。不但能够谦虚低调地听取导演及其他部门的反馈意见，及时调整自己的设计方案，同时能够耐心的洞察演员所需，维护好与演员之间的关系，全面出色地完成了设计师应做的所有工作。我想要想成为一名合格的设计师，就要认清和摆正自己的位置，这是对自己和所从事专业的尊重，同时也可以赢得他人的尊重。

造型设计的劳务合同

设计师在条件允许的情况下，一定要和演出实施单位签署劳务合同。合同中要明确落实造型设计师的工作内容、工作时间、设计费用、劳务结算方式等，以明确及限制双方，避免日后产生不必要的麻烦。如果在某些小型演出或者临时性的演出中，演出制作方不具备签署劳务合同条件的，也尽可能在动工前保留好有关工作内容、时间、劳务数额及发放时间等的文字信息。从设计者的利益考虑，这些纸面的合同或者是文字上的协议可以最大化地保障设计师或者服化助理的切身利益。演出过程中有许多不可控的因素，比如演员档期的临时调整，拍摄中天气的变化，助理人员的临时调换，等等，这些多方的不可控性也会导致整个演出部门的分配经费出现失衡状态，可能会直接影响到最终的设计费用和制作经费的发放。当有些设计师遇到这样问题的时候，会不得已将这种劳务危机转嫁给制作工厂和服化助手，这样就造成了恶性的循环。针对于此，我的经验是务必签订劳务合同或者保留相关佐证材料，严格按照约定的细则去执行服装或者化装的实施计划。如果在已经有了协约挟制的情况下，依旧发生了如上的情况，设计师一定不能够妥协。因为多数演出环境下，整个服化部门都是一整个团队在紧密协作，少则数人，多则数十人甚至上百人，设计师作为牵头人如果妥协的话会直接影响到整个团队工作的进度以及整个团队的合作积极性。最后，如果在做足了各项工作而依然不能够解决问题的情况下，就可以拿起法律武器进行维权！

统筹规划

设计师作为整个服装化装组的牵头人，要提前做好统筹与规划。根据演出特性、规模、演出场地、制作周期、制作经费等因素选择合适的服装化装执行人员，对人员进行合理的分工，对整体的制作时间进行合理的把控与安排，对助理人员的劳务报酬进行合理的分配，等等。

一般情况下，整个服化团队中会选择比较有经验和资历的人员来充当大助手的工作，大助手会协助设计师完成前期素材搜集、设计方案确定、服装监制、助理人员召集等工作。尤其是在一些体量较大的剧目制作中，大助手的身份更像是良师益友，可以协助设计师完成许多主要的工作内容。中助主要负责协助大助及设计师完成一些辅助性的设计工作及制作类的工作，在整个服化团队起着非常重要的中坚力量。小助则主要由入门级新手组成，负责一些基础性的工作，如服装熨烫、演员补装、服装运输、指定的材料采购等。

当然，在具体的人员分配上，设计师会根据具体的客观情况做出灵活的调整。在我起初独立承担设计的演出实践中，会尽可能多的调配一些助理人员，总认为"人多力量大"。事实恰恰相反，一部大戏的服化人员多至二三十人，这些人员每天的吃喝用度都是一笔很大的开支，而且这样庞大的团队对于经验不足的设计师来说不易管理。从演出开始到演出结束总会有一部分助手无事可做，造成大量的资源浪费。随着演出经验逐渐增多，对服化人员尽量精简并做了更加合理的安排：将演出中的服装熨烫、盯场、发型、装面、抢装等进行细致化的分工，每一个助手在时间允许的情况下同时兼顾两项甚至多项细化的工作任务，这样不但让助手的业务能力在大量的实践中得到快速提升，同时也大大提高了整个团队的工作效率。此外，设计师还要考虑好所有服化助手在演出过程当中的用餐问题、演出开始前的交通问题（有些化装用品如发胶、酒精等需要专门运输，这样会产生一次运输材料的费用），以及演出结束后的交通问题（一般演出结束有可能会错过最后的公共交通方式），等等，这些都需要设计师提前对接解决。

总之，对于一个设计师来说，需要合理的统筹安排好每一个服化助理人员，让其各司其职，并根据每一个人的不同能力妥当地安排适合的工作。提前安排好造型师的用餐、交通等问题，落实清楚造型师的劳务分配，并及时根据约定时间履行发放。只有将这些方面提前做好统筹与安排，才能保证演出的各个环节有条不紊地向前推进及演出的顺利完成。

制作环节

不管是服装还是化装，设计师基本都要经历由设计图纸—与导演、制片方确定方案—开制作会申请预算—制作体现—试装—最终演出中的盯场等各个环节。在整个设计体现的流程中，制作体现环节尤其重要，它的成功与否直接影响服化的质量以及演出的效果。

在一些较为大型以及对于制作要求较高的演出中，服装与化装的呈现一般都会选择比较有经验的制作工厂进行制作。专业的演出制作工厂会配备成熟的设计师、版型师、监制、绣花师、毛发钩织技师等，如果将设计图纸交给这样比较有经验的加工工厂，那么无疑会是一件锦上添花的事情。首先工厂内专业的设计与技术人员会根据实际情况将设计师的方案进行二次优化；其次工厂内专业的操作设备也可以最大化的保证制作呈现的效果。在国内几个大型的演出制作工厂中，他们在最初的服装或化装的打样环节就会不遗余力选择多种材料打造出设计图纸的表达效果，最大化的还原设计图纸的表达意图。他们的制作车间大多有着明确的分工：布料间、绣花车间、制帽车间、缝制车间、钉珠车间、盔甲车间等。每一个不同的车间内又有不同的工作细分，很多老师傅在同一车间内甚至工作了几十年，工作经验非常丰富，手艺相当精湛。为了保证最佳的制作统一性，工厂有时会在交工前一段时间针对一部演出中的服装或化装进行集中性的加工制作，这样可以让设计师集中精力在有限的时间内做完演出的制作工作，最大化的保证了制作的效率。

　　能够选择这种大型有经验的演出制作工厂是幸运的，但是有时客观的演出条件不允许做出这样的选择。一般这样的演出制作工厂平日都会承接大量的演出制作项目，设计师需要提前对接好工厂的档期；另外，高昂的制作费用也是设计师需要考虑的问题。一般小制作的演出是没有足够的经费选择这样的工厂的；又或者一部演出火急火燎的需要开展制作工作，没有提前与工厂预约档期，那最终也无法选择这些工厂进行制作。在这些限制性的情况下，设计师要合理把控制作的时间和成本，根据自己的客观需求对服装工厂进行筛选，有时候可以将一些制作任务分摊给几个小型工厂完成。选择这些小型工厂一定要做到心中有数，一般这些家庭作坊式的小型工厂是没有合约约束的，这就需要设计师事先将制作的所有细则尽可能的落实清楚。最稳妥的方式是选择一个有经验的监制助手全程监督，这样就可以全程掌控制作的进度以及制作的整体效果。设计师可以把制作的周期压缩，给自己留出一定的调整的时间，同时最好有其他制作工厂的备选方案，一旦有临时变化还可以及时调整。

对于有制作条件的设计师来说，自己组建团队实施制作是最理想的方式。这样既能保证制作的时间，又能保证制作的质量。在我担当化装造型设计的舞剧《圆梦》中，就是自己组建团队完成的100多个演员的头套及配饰的制作工作。当时演出方给出的制作周期非常紧迫，设计方案和制作方法都是第一次的尝试，综合考虑，选择自己组建制作团队的方案最为理想。首先设计师可以全局把控制作的整体进度和完成的时间；其次，整个团队聚在一起可以集思广益，最高效的完成制作；再者，这样的制作方式可以在制作的过程中随时检查制作后的效果，根据设计图纸及时调整制作方案。

总之，制作环节的成功与否直接影响到演出的最终质量。设计师在制作的环节一定要考虑到客观的实际因素，根据制作周期、制作经费、制作体量、制作难度等方方面面选择合适的制作方法，让最终的服装或化装成品能够得到最完美的呈现。

四　试装与正式演出

试装

正式的演出开始前都会预留专门的试装环节，进行服装试穿及发型和装面的调试。整体试装环节能够看出许多问题：如服装的大小、衣长、袖长等是否适合演员的身形，鞋码是否合适，头套是否适合演员的头围尺寸，粘贴的胡须是否需要修剪，等等。被发现的各种问题，设计师要及时记录并对其进行调整。对于一些无法在试装现场进行调整的问题，设计师还需要跟导演和演员协商二次试装的时间。直到把所有的问题解决好，才能够进行演出前的定装照拍摄。当然，不是所有的演出都需要试装这一环节，有些演出因为制作经费压缩、演出时间紧迫、演员档期问题等是没有预留试装时间的，这就要求设计师一定要做到心中有数，提前做好两手准备。试装时遇到的最棘手的问题是已经成型的方案被推翻，哪怕这些方案是之前被导演和演员认可过的。如果演出内容不变，仅是导演或是演员的主观感受，设计师可以通过专业的理论知识尽量去沟通和说服，毕竟重新来过会造成时间、人工、经费的多项浪费。如果确实是导演的要求有变，那只能想办法去解决，但一定要提前沟通协商好设计与制作的合理时间。

试装环节出现的问题会涉及方方面面，设计师要具备有一定的抗压能力和心理承受能力。一旦遇到问题，比如服装需要更改尺寸甚至重新制作，头套需要追加定制，或者临时需要购买某些化装特需材料等，这就需要设计师在第一时间将平日掌握的所有的信息资源整合，根据具体的调整需求确定应该选择哪家服装工厂、化装制作工作室或者材料选购商店等，甚至要在第一时间确定这些工厂、工作室、商店的地址和工作时间，并且交给设计助手去实施。

正式演出

正式演出时，设计师要统筹安排好服装间或者化装间的所有工作，做好与其他部门的对接以及应对演出中的突发状况。此外，设计师还要关注镜头或台下服装与化装的呈现效果：服装是否穿好，头套是否开胶，整体色彩是否合适等。如果发现问题，可以第一时间对其进行调整。另外，设计师也要在演出结束后及时采集业内同行和观众的意见反馈，将这些问题进行总结和反思，调整后续的服化执行方案。

设计师一定要"上手"

设计师既是设计者，同时也是技术操作者，在设计的过程中设计师就应考虑到设计方案能否呈现及如何呈现。如果一个设计方案天马行空、创意新颖，但图纸交到工厂，师傅们不知道如何下手，就连设计师本人也不知道如何解决，那这种方案最后只能是空想，无法实现最终的制作体现，之前所有的工作也就成为徒劳。如果设计师可以熟练地掌握服装或者化装的技艺，能够预想制作后的效果，就能够利用这些技能做更加接"地气"的设计。

在整个演出环节，设计师肩负着前期设计、经费支配、统筹管理、监制、演出善后等方方面面的工作。尤其是在演出过程中，设计师往往是忙前忙后，奔波于各部门之间，很少有真正的时间亲自"上手"，在实施体现环节往往交给服化助手们去实现。尤其是化装这个行当，一天不画可能就会造成手生的情况，长期这样，设计师的业务水平会严重的停滞不前或者走下坡路。我自己曾经有几年的时间在技术环节疏于"亲力亲为"，造成了不少遗憾。很多技术环节只有亲自参与进来才能够体会到真正的乐趣，通过自身的专业积累去攻克一项项技术难题是一件颇有成就感的事情。

演出的舞台有它独有的魅力与爆发力，设计师许多新奇的想法都可以通过这个舞台去展现给大众。塑造一个胖人的形象，可以通过服装的填充、材料浆化塑型等手段去实现；演员的头发也可以通过麻绳、毛线、纸等材料去替代，这些特殊造型的呈现只有在制作过程中不停反复的花心思去尝试才能够试验出来。有时候某种创新性的制作体现会塑造出强有力的舞台视觉效果，并能够形成独特的个人风格。鉴于此，抓住一切机会去"上手"实操，是每一个设计师都要引起重视的事情，它会直接反馈到设计师的设计方案甚至直接影响到最终演出的视觉效果呈现。

五 题外话

大多数人认为设计师只是从事脑力相关的活，但事实并非如此。设计师不但要有前瞻的设计思维同时还要兼备强有力的体魄。比如制作前期的采购工作，很多时候都需要设计师亲自参与。设计师在考察材料的时候就可能将一大堆服装面料或者化装材料采购回来，大红门面料市场和五棵松摄影器材城之间经常会出现扛着大麻袋穿梭的设计师们。此外，演出开始和结束后的服装及化装材料的搬运工作多数情况下也是由设计师带领助手们完成的。这些还好应付，演出过程中加班熬大夜的情况屡屡发生，有时一连很长时间都没法正常休息。我曾经在自己的演出中，看到助手们因为连熬几个大夜身体累垮，有时候在演出现场嘈杂的环境中，靠在某个角落或伏在道具箱上就可以睡着，看到这些场景真的是极其酸楚的。我作为领队也只能尽可能的将任务合理分配，但演出的各方面条件所限真的是让大家身不由己，每一次不同的演出经历都可谓是"磨难重重"，也正因为这些不一样的经历，让每一个从事本专业的人得到了不一样的人生体验与工作收获。尽管如此艰辛，但我相信每一个热爱并喜欢本专业的人，会为此继续执着努力并付出全部的精力。

EMBOSSMENT AND
HOLLOWED-OUT
ARTS FOR
PERFORMANCE
COSTUME MODELING

结　语

　　浮雕与镂空造型方式有着悠久的传统与历史，是中华民族璀璨文化的重要组成部分，其独特的装饰效果和造型方式成为设计师进行服饰创作的重要手段，在当今的表演服饰创作中扮演着越来越重要的角色。在现代科技文化高速发展的时刻，各门类艺术间相互融合，这给浮雕与镂空这一传统的艺术形式带来了新的生命力。浮雕与镂空的造型方式不断创新，具有浮雕与镂空肌理的材料层出不穷，同时，浮雕与镂空所体现的民族性特征也很好地在表演服饰中得以体现。因此，探求浮雕镂空这一传统手工技艺与服饰的关系，研究浮雕与镂空造型方式在表演服饰中的运用是十分必要与值得的。

　　本书通过对雕塑、建筑、室内设计、园林景观设计、民间艺术等多种不同的艺术形式中出现的浮雕与镂空造型方式进行系统的分析、整理。对浮雕镂空的造型方式、装饰方法进行深入的分析总结，将浮雕镂空这一概念植入到表演服饰造型设计，借鉴不同门类艺术中的浮雕镂空表现形式，对表演服饰中浮雕与镂空的造型方式进行了一系列的深入分析与探讨，总结如下。

　　一、以雕塑、建筑、室内设计、民间艺术等不同艺术形式中的浮雕镂空造型方式为索引并展开研究，以此定义表演服饰造型中浮雕与镂空的概念以及不同的表现形式。在分析传统浮雕与镂空的造型方式过程中，发现两者在缘起背景、发展轨迹上具有同步性，同是运用不同的工艺手段塑造材料的肌理变化，并且两者在不同门类艺术或者是同一门类艺术之中都有相互的交汇与融合。两者共同作为表演服饰造型的附属造型方式，通过丰富的肌理塑造来实现表演服饰创作。

二、表演服饰创作涉及古今，对于传统服饰中浮雕与镂空造型方式的借鉴，能更好地去还原历史、传承文化。本书通过对传统服饰中浮雕与镂空运用历史的分析研究，了解其产生的动因、不同时期的发展及表现。以时间为脉络分析比较了中西方传统服饰中浮雕与镂空的造型方式及表现形式，对于中西方服饰中浮雕与镂空运用形式的差异做了全面的分析。通过分析传统服饰中浮雕与镂空造型方式的运用，对现代表演服饰设计的创作起到了现实的指导意义。

三、基于现代表演服饰创作中浮雕与镂空造型方式的研究，通过不同题材、不同内容的表演服饰作品归纳总结出浮雕与镂空在表演服饰创作中的艺术特征。首先，浮雕与镂空造型方式具备一定的空间性，这种空间性包括凹凸、透空肌理塑造产生的实体空间感，以及由于光影塑造和观众想象产生的虚拟空间性；其次，浮雕与镂空的纹样、图案、造型在服饰中的凹凸、重复、渐变等秩序性的组合排列形成强烈的节奏感；再次，浮雕与镂空造型方式对于服饰材料的肌理再造以及对服饰外观的附加装饰使其产生新奇、迷惑、绚丽的服饰外貌，这些不同的服饰风貌也展现出丰富多样的肌理效果。同时，在创作顺序、工艺形式、材料运用、装饰布局等各个方面，浮雕与镂空造型方式又展现出相当大的灵活性；最后，浮雕与镂空造型方式创造出的丰富的肌理风貌，在满足了表演服饰实用性基础上，又大大丰富了服饰外观的装饰效果。

四、浮雕与镂空造型方式在表演服饰创作中的具体实现，可以从大量的自然物态或人造物态中去搜集灵感。此外，在具体应用过程中，又需考虑一定的依托条件。首先，要以不同的表演类型为依托开展浮雕与镂空造型方式的应用，充分考虑表演的题材、内容、风格等不同的特点；其次，浮雕与镂空造型方式重要的是对服饰材料的肌理进行的再次塑造，这就要求在进行肌理塑造的时候充分考虑服饰材料的自然属性；再次，要注重创新与传统的结合，在遵循一定的形式美审美的基础上，大胆地进行"试验"与"重构"，借助新型的工艺技术，充分开展表演服饰造型中的浮雕与镂空创作工作。

五、在深入整理理论的基础上，笔者对于浮雕与镂空的造型方式进行了一系列的创作与实践，在实践中检验理论，用理论指导实践。联系不同艺术门类中浮雕与镂空的不同工艺技法及装饰形态，针对表演服饰中出现的浮雕与镂空造型方式，进行分析、探讨。从诸多表演服饰作品以及大量创作实践中归纳分析出浮雕与镂空的创作方法：借鉴、简化、繁复、重组、破坏再造、立体塑型，同时开拓出新的思维模式和有益的参考价值。根据服饰创作不同的客观条件，因地制宜地对不同的创作方法进行选择、综合或者再创新。

总体来看，表演服饰中浮雕与镂空造型方式的运用是一项充满挑战的创造性工作，浮雕镂空感的服饰造型给观众带来一种全新的视觉感受，动摇着传统的审美观念，甚至可以说是对服饰造型的革新与颠覆。浮雕与镂空以其特有的造型方式让服饰造型体现出前所未有的多元化形态，以其灵活的应变性增强了服装的表现力和艺术效果。在最大化地将表演角色的性格特征外化的同时，也使得服饰造型产生了更多的层次感、立体感与空间感，最大化地凸显了服饰的视觉效果，提高了服装的审美品格。同时，在当今科技高度发展、不同门类艺术相互融合的大背景下，浮雕与镂空的工艺技法得到前所未有的提升与开拓，设计师在表达设计意图时往往不止采用一种方式，甚至是通过高科技手段，探索各种丰富多元的浮雕与镂空造型技艺，这些不断扩充的浮雕与镂空造型工艺推动着表演服饰设计的创新性发展。

最后要提到的是，本书由于受阅读文献书籍以及所涉猎的形象资料范围的限制，对于表演服饰中浮雕与镂空的造型方式的分析研究难免有所欠缺。另外，鉴于部分理论基于笔者的创作实践或者是设计师同行的一手资料，其中难免有主观片面之处；同时，鉴于各方条件所限，书中难免存在不周全的撰写内容。诸多遗憾，还待日后努力补正，也恳请各位专家、读者随时指正。

参考文献

1. 李昕：《蕾丝·欲望和女权》，商务印书馆2013年版。

2. 胡天虹：《服装面料特殊造型》，广东科技出版社2001年版。

3. 金开诚、王忠强：《剪纸艺术》，吉林文史出版社2010年版。

4. 王珉：《服装材料审美构成》，中国轻工业出版社2011年版。

5. 梁惠娥：《服装面料再造艺术》，中国纺织出版社2008年版。

6. 邓美珍、周立群：《现代服装面料再造设计》，湖南人民出版社2008年版。

7. 邱蔚丽、胡俊敏：《装饰面料设计》，上海人民美术出版社2006年版。

8. 黄华明、李鸿明：《装饰图案》，重庆大学出版社2008年版。

9. 肖琼琼、罗亚娟：《服装材料学》，北京理工大学出版社2010年版。

10. 王小月：《服装内空间》，上海科技教育出版社2004年版。

11. 滕小松：《过程与结果——雕塑创作研究》，湖南人民出版社2008年版。

12. 吴良忠：《中国剪纸》，上海远东出版社2008年版。

13. 汪芳：《服饰图案设计》，上海人民美术出版社2007年版。

14. 周建国、贾楠：《西方经典：图案设计》，科学出版社2010年版。

15. 张志春：《中国服饰文化》，中国纺织出版社2001年版。

16. 苏山：《中国趣味服饰文化》，北京工业大学出版社2013年版。

17. 李楠：《现代女装之源：1920年代中西方女装比较》，中国纺织出版社2012年版。

18. 赵晓玲：《服饰手工艺》，化学工业出版社2013年版。

19. 董庆文、宋瑞霞：《服饰图案的设计与表现》，中国轻工业出版社2014年版。

20. 徐越：《空间的遐想——将雕塑艺术导入时装设计》，西泠印社出版社2013年版。

21. 蒋金锐：《服装设计与技术手册——设计分册》，金盾出版社2013年版。

22. ［法］安娜·扎泽：《离心最近——百年内衣物语》，中国华侨出版社2012年版。

23. 周莹：《中国少数民族服饰手工艺》，中国纺织出版社2014年版。

24. 殷广胜：《少数民族服饰》（上），化学工业出版社2013年版。

25. 孙运飞、殷广胜：《国际服饰》（上·下），化学工业出版社2012年版。

26. 曹林：《装饰艺术源流》，文化艺术出版社2006年版。

27. 唐绪祥：《银饰珍赏志》，广西美术出版社2004年版。

28. 郑婕：《中国古代人体装饰》，世界图书出版社2006年版。

29. 沈从文：《中国古代服饰研究》，上海书店出版社2002年版。

30. 周锡保：《中国古代服饰史》，中央编译出版社2001年版。

31. 齐静：《演艺服装设计：舞台影视美术实用技巧》，辽宁美术出版社2010年版。

32. 楼慧珍、吴永、郑彤：《中国传统服饰文化》，东华大学出版2004年版。

33. 孙运飞、殷广胜：《少数民族服饰》（下），化学工业出版社2013年版。

34. 曾慧洁：《中国历代服饰图典》，江苏美术出版社2002年版。

35. 袁仄：《中国服装史》，中国纺织出版社2008年版。

36. 胡天虹：《服装面料特殊造型》，广东科技出版社2001年版。

37. 潘鲁生：《刺绣与抽纱设计》，山东美术出版社1997年版。

38. 徐丽慧：《服装与创意》，上海书店出版社2006年版。

39. 叶继红：《传统技艺与文化再生》，群言出版社2005年版。

40. 王珉：《时尚——服装设计艺术》，湖北教育出版社2004年版。

41. 左汉中：《民间美术造型》，湖南美术出版社2006年版。

42. 宋文铎：《剪纸艺术》，中国纺织出版社2018年版。

43. 宁继鸣：《中国文化读本剪纸艺术》，山东大学出版社2014年版。

44. ［法］艾尔弗雷德·奥古斯特·让尼尔：《让尼尔浮雕艺术作品》，广西美术出版社2011年版。

45. 邱叶丹：《镂空：邱叶丹剪纸艺术集》，重庆出版社2011年版。

46. 赵丹绮、王意婷：《玩金术：金属工艺入门》，上海科技出版社2018年版。

47. 谭德睿、孙淑云：《金属工艺》，大象出版社2007年版。

48. 段岩涛：《传统金属工艺创新设计》，化学工业出版社2018年版。

49. 孙振华：《中国雕塑史》，中国美术学院出版社1999年版。

50. 叶庆文：《雕塑艺术》，中国美术出版社1997年版。

51. 王先胜：《中国远古纹饰》，学苑出版社2015年版。

52. 章藻藻：《玉石雕刻》，上海人民美术出版社2018年版。

53. 陈向群：《京剧服装中的塑型手段》，《艺术教育》2008年第11期。

54. 孙丽平：《凹凸式结构在服装造型设计中的应用解析》，《大众文艺》第19期。

55. 章瓯雁：《塑型材料在服装造型中的应用研究》，《丝绸》2014年第6期。

56. 金石欣：《从中西雕塑艺术的融合谈现代服饰取向》，《上海大学学报》1992年第5期。

57. 董怡：《蕾丝在服装设计中的空间感塑造》，《装饰》2013年第239期。

58. 刘丹、陈冬：《中国传统剪纸艺术在舞台服装中的运用与审美》，《浙江理工大学学报》2013年第4期。

59. 殷薇、袁小红：《折纸艺术对服装造型设计空间的拓展探析》，《贵州大学学报》2011年第25卷。

后 记

　　本书的撰写归根结底出于本人对于服饰设计中肌理塑造的个人偏好，在选题形成初期，将大致方向选定为服饰中的镂空装饰。通过不断搜集与整理资料，发现镂空与浮雕之间有着密切联系与相互交融性。于是，在此基础上进一步确定了该选题的最终方向——表演服饰中的浮雕与镂空。当选题范围确定，本人有意在参与的实践创作中进行该选题内容的整合与应用。在写作初期，本人参与了军艺、北电等高校的《剧目服装设计》《立体裁剪》《西洋裙设计与制作》等课程的教学工作，在这些课程的教学过程中，将服饰中浮雕与镂空造型手段作为设计与体现的重点对学生进行有效的引导，对于服饰设计中的浮雕与镂空造型方式不断地进行"试验"与"重构"。这些不断的"试验"与"重构"让选题的内容框架更加清晰明朗，同时也有了更广泛的素材选择范围。在撰写过程中，本人担任了歌舞剧《圆梦》、真人秀《跨界歌王》、舞台剧《情蕴大慧寺》及《那一缕和煦的阳光》的服装及化装设计的工作。在整个设计体现环节，对本书的选题内容也进行了大量实践与尝试。尤其在真人秀《跨界歌王》栏目中，根据栏目的定位及特点，进行了一次浮雕与镂空造型方式的全新尝试。同时，为了搜集更加权威全面的资料及信息，特地拜访"非遗"手工艺传承人及其工作室；也曾专门拜访国内一线设计师，对服饰造型中浮雕与镂空的造型方式做最前线的了解。撰写过程中，多次遇到写作瓶颈，我的博士生导师赵伟月教授关键时刻给予我有效的引导和启发，使我在各种素材碎片中得以形成确定且顺畅的写作思路。此外也要感谢非遗文化传承人以及诸多设计师朋友提供的丰富资源以及无私的分享，这些宝贵的一线资料对于本书的部分研究观念形成都有很大的帮助。

写到结尾，感慨万分，感恩培育我十年的母校——中央戏剧学院。在戏剧学院的大环境下，让我有机会参与了大量不同类型的表演服饰创作，这些不同类型的服饰创作坚定了我从事本行业的信念。感恩合作过的每一个导演，你们的信任与包容，可以让我天马行空、大胆热情地进行舞台艺术的二度创作。感恩辅助我完成每一部创作的设计助理及执行助手们，没有这样的高质量团队，演出中太多棘手的设计与技术难题也就无法完成。感谢本书的写作过程中给予帮助与支持的朋友们，感谢四川美术学院出版基金的支持，感谢中国戏剧出版社黄艳华老师对于本书校对、排版、编辑、装帧设计等方方面面的辛勤付出。

人生就是一个圈，在圈外有很多未知，当这个圈足够大时，这个未知就会更大。喜欢这句饱含哲理的话，也想把它当作自己的人生座右铭，抱着谦虚的心态与热情积极的态度走好接下来的表演服饰创作之路。

最后想说，写作过程虽然不易却也是一种享受和体验。期间对自己十几年创作之路做了回顾和总结，也对未来创作之路开始规划和展望。我会一直热爱并努力从事这份喜爱的专业，为今后的表演服饰艺术创作贡献自己的一份薄力。